D. Rama Bhupal Reddy
M. Reddi Bhaskara Reddy

Origem e evolução da cidade de Kadapa

D. Rama Bhupal Reddy
M. Reddi Bhaskara Reddy

Origem e evolução da cidade de Kadapa

ScienciaScripts

Imprint

Cover image: www.ingimage.com

This book is a translation from the original published under ISBN 978-620-2-30444-3.

Publisher:
Sciencia Scripts
is a trademark of
Dodo Books Indian Ocean Ltd. and OmniScriptum S.R.L publishing group

120 High Road, East Finchley, London, N2 9ED, United Kingdom
Str. Armeneasca 28/1, office 1, Chisinau MD-2012, Republic of Moldova, Europe
Printed at: see last page
ISBN: 978-620-8-34303-3

ÍNDICE

CAPÍTULO 1

PERSPECTIVA E ENQUADRAMENTO DA ZONA DE ESTUDO

INTRODUÇÃO

A origem das cidades, como facto histórico, deve-se ao comércio e à política que conduziram ao desenvolvimento das grandes civilizações. O estudo do crescimento das cidades no passado mostra que o que fez nascer a semente e garantiu o seu crescimento foi geralmente um obstáculo. Nas bordas das barreiras montanhosas ou nas travessias dos rios, na orla dos desertos, na costa marítima, em suma, onde quer que seja necessário parar e encontrar novos meios de transporte, há oportunidade para o crescimento das cidades" (Balche). Alguns historiadores e economistas consideram que "as cidades são criações de trajectos". De facto, o comércio dá origem a todas as vantagens conferidas por uma localização geográfica em relação às rotas comerciais que contribuem para o desenvolvimento de uma série de centros urbanos devido a vantagens especiais. Mas as novas tecnologias de transporte modificaram as rotas de tráfego e levaram à extinção de vários desses centros, dando origem a novas cidades em grandes estações ferroviárias ou nós de transporte. Entre outros factores que favorecem a origem das cidades estão o ambiente natural e a sua base de recursos: os exemplos são as cidades industriais e as cidades mineiras. São claramente localizadas e de origem recente. Os recursos energéticos, nomeadamente o carvão e a energia hidroelétrica, contribuíram para a origem e o desenvolvimento de muitas cidades. Nas cidades modernas, as actividades industriais, comerciais, culturais e de transporte estão geralmente concentradas.

Os primeiros assentamentos foram suficientemente simples para serem chamados de rurais. Mas não há razão para pensar que a urbanização antecede a ocupação rural em todos os casos, ou que a evolução do povoamento é unidirecional. Há exemplos de mudanças do urbano para o rural, embora tais mudanças sejam raras. O melhor exemplo é talvez a inversão da civilização urbanizada do vale do Indo para uma cultura ariana rural agrária e pastoril.

Segundo Kosambi, "os arianos eram manifestamente bárbaros, com um nível de cultura inferior ao dos povos urbanos que destruíram". Também não é verdade que todas as povoações eram rurais, começando por evoluir para o estatuto urbano mais tarde. Com exceção dos aglomerados urbanos e mineiros hoje em dia planeados, aqueles que tiveram a sua origem em rotas comerciais ou fortificações de defesa eram urbanos logo à nascença. As funções que desempenhavam e a própria população apresentavam caraterísticas urbanas. No entanto, a maior parte das vezes, a direção da mudança é do simples para o complexo, do mono para o multifuncional, da aldeia para a mega-cidade.

Na antiguidade, as povoações surgiram em torno do 'ashram' ou do centro de aprendizagem na residência de um eremita. Numerosos outros aglomerados rurais também tiveram origem em torno de centros de importância religiosa, como templos, mesquitas ou igrejas (Tarachand, 1934). Lindeman, R.L (1942) afirmou que a povoação representa uma colónia originária de seres humanos juntos, com os edifícios em que vivem ou que utilizam de outra forma, os caminhos e as ruas por onde se deslocam.

Um grande número de geógrafos definiu o povoamento humano como um lugar habitado de forma mais ou menos permanente. Para o homem comum, uma povoação ou um local de habitação é identificado como uma aldeia, uma vila ou uma cidade. Em todo o mundo, o abrigo ocupa o primeiro lugar na lista das necessidades humanas. As pessoas constroem habitações não só nas regiões mais frias, mas também nas regiões mais quentes, nas zonas mais chuvosas, nos desertos, que são as áreas centrais da sua vida quotidiana. O homem vive em povoações que vão desde habitações isoladas a grupos de habitações, com uma população que vai desde algumas dezenas de pessoas a grandes cidades onde vivem milhões de pessoas.

A maior parte das cidades nasceu de aldeias. Algumas aldeias cresceram em tamanho e importância devido à sua situação superior em relação às aldeias vizinhas e ao facto de estarem situadas nas principais vias de comunicação. Por conseguinte, desenvolveram-se como centros de mercado para a troca de produtos. O seu domínio a este respeito foi reforçado com o desenvolvimento dos transportes rodoviários e ferroviários, que alargaram as suas esferas de influência. O padrão de povoamento foi definido como a relação entre uma casa ou um edifício e outro; relativamente poucas pessoas na Índia vivem em habitações dispersas. Mesmo na zona dos Himalaias e nas zonas montanhosas, a aldeia é geralmente a principal unidade de povoamento.

Os geógrafos envolvidos afirmaram que os aglomerados populacionais têm duas abordagens. A primeira é o estudo das povoações como entidades separadas - as suas dimensões, funções e morfologias - e a segunda é o estudo das povoações como partes compostas do ambiente físico e social global. Embora cada um seja único, os aglomerados populacionais dividem-se naturalmente em grupos. Podem ser classificados por dimensão, função, forma, local e situação, idade, materiais de construção e caraterísticas culturais. Mais comummente, as povoações são divididas nas categorias "rural" e "urbana".

IMPORTÂNCIA DO TEMA

O estudo de uma corporação municipal como a cidade de Kadapa ou das cidades que cresceram nas últimas décadas fornece informações úteis para a tomada de decisões regionais e nacionais sobre a utilização dos solos.

Este tipo de geografia urbana pode ajudar a compreender várias condições relacionadas com a população de uma área. O estudo das cidades ajuda-nos a conhecer os factores de atração e de repulsão que atraem os imigrantes. Também nos permite analisar a interface entre o desenvolvimento humano e o ambiente. Este conhecimento pode ser utilizado para tratar de questões importantes para a nação, como a qualidade de vida, a ecologia do ambiente urbano, a geografia humana, a integridade ecológica, a qualidade ou quantidade da água, a disponibilidade de recursos seguros para a saúde humana, a qualidade do ar e do solo. Isto fornece uma base sólida para a investigação contínua que explora as consequências da modificação humana da paisagem terrestre. Assim, com este entendimento, no presente estudo, a cidade de Kadapa foi selecionada propositadamente.

A origem e a evolução das cidades

O urbanismo é o processo através do qual as cidades crescem. Existem várias definições de cidade. Historicamente, era relativamente fácil definir as diferenças entre povoações urbanas e rurais porque as cidades estavam rodeadas por muros. A remoção das muralhas e a rápida expansão territorial das cidades durante o período moderno, bem como a natureza mutável da agricultura (por exemplo, o agronegócio), tornaram indistinta a distinção das diferenças físicas entre cidades e áreas urbanas. Atualmente, os aglomerados urbanos são definidos por limites legais, uma área continuamente construída, ou como uma área funcional (por exemplo, um núcleo e a sua zona interior). A definição legal de cidade varia em todo o mundo, mas é importante porque as cidades legalmente definidas têm certos tipos de poder político, como a capacidade de cobrar impostos, prestar serviços e ter os seus próprios funcionários eleitos.

Origem e evolução de Kadapa

O nome Kadapa deriva da palavra Telugu "Gadapa" ("gate" ou limiar). A cidade tem este nome porque é a porta de entrada da passagem norte que conduz, através do vale de Vontimitta, à colina sagrada - "Pagoda" de Sri Venkateshwara (também soletrado como Senhor Venkateswara) de Tirupati. Com o seu grande tanque e o templo do Senhor Venkateswara em Devuni Kadapa, servia como um local de acampamento conveniente para os peregrinos que viajavam para o brilho sagrado de Tirupathi. Acreditava-se que os peregrinos tinham de visitar primeiro Devuni Kadapa e, antes de irem para Tirupathi, oferecer orações ao santo Annamacharya e ao santo Potluri Veera Brahmam. A cidade tem este nome porque é a porta de entrada do norte para a colina sagrada - "Pagoda" de Sri Venkateswara (também soletrado como Venkateswara) de Tirupati.

A cidade teve, sem dúvida, a sua origem no período antigo. Segundo alguns investigadores, a cidade antiga situava-se provavelmente perto de Patha Kadapa, a alguns quilómetros a leste da atual cidade e associada ao Senhor Venkateswara. Uma vez que a cidade de Kadapa era um grande centro de filosofia e religião hindu, a povoação mais antiga deve ter tido origem nas margens do Bugga Vanka (rio Penna), perto do templo do Senhor Venkateswara em Patha Cuddapah. A partir daí, a povoação expandiu-se primeiro para oeste, ao longo de alguns metros do Bugga Vanka e, mais tarde, para sudoeste.

É provável que existam certas condições prévias. [th]Entre eles, a predisposição dos homens para se fixarem, o aparecimento de uma teia de trocas soltas, o desenvolvimento de uma agricultura sedentária em meados do século XIX e a estabilização das aldeias agrícolas neste período. A produção de géneros alimentícios para além das necessidades dos próprios cultivadores pode não ter sido tão essencial para a existência dos comerciantes, artesãos e outros cuja concentração local faz parte da nossa definição de cidade. A especialização completa pode ter surgido apenas lentamente e o apoio necessário pode ter sido obtido pela força ou por obrigações consuetudinárias. Por último, o aparecimento de Kadapa, provavelmente noutro local, foi acompanhado pela deserção de outras povoações situadas nas imediações.

thDurante o século XX, o desenvolvimento urbano da cidade de Kadapa foi caracterizado por uma urbanização suburbana irregular e não planeada. Em Neknamkhan, planos que moldaram o desenvolvimento subsequente da cidade à medida que a imigração maciça começou a afectá-la no final do século. A mão dos governantes foi, portanto, crucial nestes acréscimos não planeados ao domínio islâmico da cidade. Foi também de importância fundamental para moldar não só os pormenores da cidade primitiva desta região, mas também para lhes dar vida. A vantagem relativa é a economia espacial dinâmica da cidade.

A cidade de Kadapa fez parte do Império Chola entre os séculos XI e XV. Os muçulmanos conquistaram-na em 1565 e os britânicos assumiram o seu controlo em 1800. Embora a cidade seja antiga, é provável que Neknam Khan, o famoso comandante de Qutub Shahi, que chamou à extensão "Neknamabad", a tenha alargado. Não é provável que Nekanamabad fosse o nome dado a toda a cidade. De qualquer modo, caiu em desuso e os registos do século XVIII referem-se aos governantes Mayana não como Nawabs de Nekanamabad mas como Nawabs de Kadapa. Exceto durante alguns anos no início, Kadapa foi a sede dos Nawabs Mayana no século XVIII. Com a ocupação britânica do território em 1800 d.C., tornou-se a sede de um dos quatro colectores subordinados ao coletor principal, Major Munro. Em Kadapa, encontram-se as relíquias do domínio dos Nawabs de Kadapa. Entre elas, destacam-se duas torres e os dargahs. A cidade possui ainda três igrejas e numerosos templos

A antiga cidade foi destruída pelas cheias antes da chegada dos muçulmanos. Durante o século XVI, o imperador mogol Nawab Nabi ficou impressionado com a importância estratégica da confluência e ordenou a construção de um templo perto dela. Foram construídos vários edifícios históricos e foram criados amplos jardins. Nessa altura, não havia ruas largas até à revolta de 1857, na qual a cidade teve um papel mais proeminente. Isto pode ser devido ao facto de, no período pré-ferroviário, a margem da Penna (Canal KC) de um rio navegável ser provavelmente o local mais favorável para a criação e crescimento de um aglomerado urbano. As colinas e florestas circundantes, o canal do rio e a área de planície foram, por conseguinte, selecionados como um local com vantagens óbvias. Os factores culturais também desempenharam o seu papel dominante na origem das cidades. As fortalezas, mesquitas e igrejas estrategicamente localizadas em Bugga Vanka atraíram as comunidades urbanas para a sua vizinhança imediata.

A expansão de Kadapa começou depois de 1857, quando as indústrias britânicas se estabeleceram na zona ocidental da cidade e em parte da zona oriental, enquanto o Government Degree College ficava perto da estação ferroviária. Os caminhos-de-ferro e as estradas convergiam aqui de todas as direcções e a ponte Bugga Vanka foi construída em 1875. A cidade emergiu no final do século XIX como um grande centro de negócios (especialmente de cereais, algodão e indústrias de grande, média e pequena escala).

A cidade de Kadapa não era apenas um grande centro religioso, mas também um importante mercado comercial da região circundante. Durante o período britânico, a cidade cresceu rapidamente devido às facilidades de comunicação ferroviária, ao comércio florescente, às instalações institucionais de ensino e à prestação de serviços de utilidade pública. A Universidade Yogi Vemana, criada no século XXI, e as obras do hangar de locomotivas diesel do período pré-independência accionaram as forças centrífugas e a cidade expandiu-se para sul e sudoeste. Kadapa assistiu, assim, a um crescimento concêntrico, com uma zona interior agarrada à margem semicircular do rio e as zonas intermédias e exteriores a rodeá-la. A cidade, com os seus magníficos templos, a universidade e a vizinha Pushapagiri, é um dos centros turísticos do Estado de Andhra Pradesh, na Índia.

Localização da Kadapa

O Estado de Andhra Pradesh é constituído por três regiões: (1) Andhra Costeira com 9 distritos ao longo da costa da Baía de Bengala, (2) Telangana com 10 distritos e (3) Rayalaseema com 4 distritos, nomeadamente Anantapur, Chittoor, **Kadapa** e

Kurnool. Nos últimos 100 anos, a história económica de Rayalaseema, em que se insere o presente estudo, tem sido uma história de secas e de fome, principalmente devido à falta de monções, pelo que Rayalaseema é hoje referida como a "zona de fome do Sul da Índia", "a mancha mais negra no mapa da fome da Índia".

Kadapa é uma cidade no centro-sul de Andhra Pradesh, na Índia, e é a sede do distrito de Kadapa. Kadapa está situada a 14° 25' - 14° 33' de latitude norte e 78 46' - 78 53' 30" de longitude leste, com uma altitude média de 138 mtr (452 pés). Faz fronteira com Chennur mandal do distrito de Kadapa a norte e C.K. Dinne mandal do distrito de Kadapa a sul e Siddavatam mandal do distrito de Kadapa a leste e Pendlimarri e C.K. Dinne mandals do distrito de Kadapa a oeste. Estende-se por uma área de 164,08 quilómetros quadrados e uma população de 3 44 309 habitantes (dados provisórios de 2011). Kadapa tem a forma de um paralelogramo irregular, dividido pela verdadeira cordilheira dos Ghats Orientais. Situa-se ao longo da "Bugga vanka ou Rallavanka", a sul pela principal Palakonda e a leste por uma faixa das mesmas colinas. Projecta para norte em direção a Lankamallas, do outro lado do Penneru (Fig. 1.1 e 1.2).

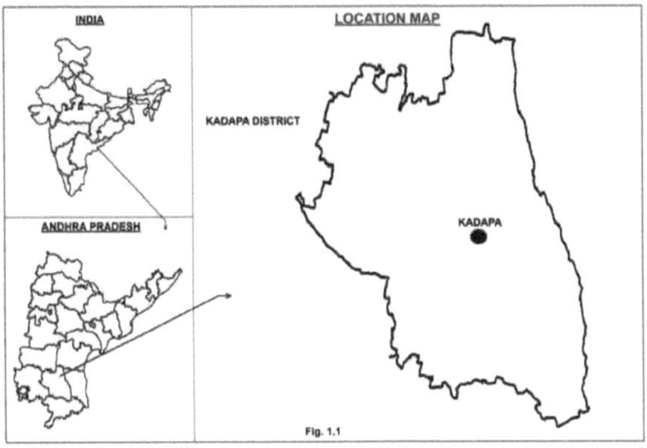

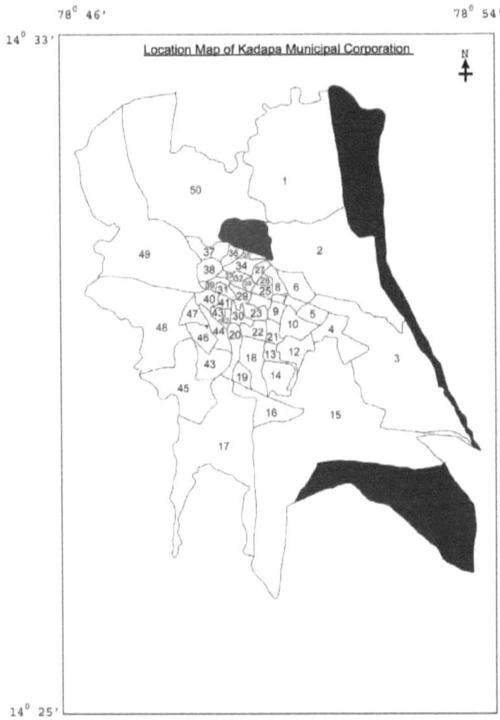

Fig. 1.2

Fig.1.1

Está incluída nas folhas topográficas 57 J/14 e 57 J/15 do Survey of India, à escala 1:50.000. Kadapa é uma das cidades mais importantes da região de Rayalaseema, no estado de Andhra Pradesh. O rio Penna corre a cerca de 8 km a norte de Kadapa. Situa-se na linha de bitola larga Chennai-Mumbai, 260 km a noroeste de Chennai e também na autoestrada estatal, ou seja, na estrada Kurnool-Chittoor. Situa-se igualmente na extremidade final do canal Kurnool-Kadapa.

Topografia

A topologia de Kadapa é plana, com exceção de uma cordilheira central que corre no sentido NNE-SSW. A cidade não é atravessada por nenhum rio importante, embora o Penna se cruze nas colinas de Gandikota, 60 km a norte, e um afluente menor do Penna, o Bugga Vanka, nasça na cidade e atravesse a cidade. O Bugga Vanka transporta grande parte das águas residuais de Kadapa. Um sistema de esgotos, construído em 1922, cobre 15 km^2 da cidade e está ligado a cinco centros de tratamento de esgotos situados na periferia da cidade de Kadapa.

O distrito é abençoado com uma série de belos vales através dos quais rios sagrados como o Pinakini (Pennar), Papaghni, Chitravathi, Mandavya, Cheyyeru atravessam o distrito dando à terra a sua própria santidade. O rio Penna é o rio mais importante que atravessa o distrito, cuja lenda está incorporada num sasanam (inscrição) em Gandikota. A cadeia de colinas de Nallamalai atravessa este distrito e é coroada pelo santuário sagrado de Tirumala no distrito de Chittoor. Os Ghats Orientais não possuem uma continuidade estrutural. As cadeias de montanhas separam-se do nó geográfico, dividindo a floresta de reserva de Settigunta e a floresta de reserva de Balapalle. Cada uma destas cadeias é descrita de seguida

1. **Colinas de Vellikonda:** As colinas dos Ghats Orientais estendem-se para norte, atravessando as fronteiras orientais de Rajampet, Sidhout e Badvel talukas. O pico mais alto, situado em Thollipenta, em Rajampet Taluka, tem cerca de 2.710 pés.

2. **Colinas de Palakonda:** A segunda cadeia de colinas é designada por colinas de Palakonda ou colinas de Seshachalam, formadas por quartzitos maciços, intercalados com ardósias e lavas. É nesta cordilheira, perto de Vempalle, que se encontra o belo desfiladeiro chamado Vempalle Gandi, famoso pelo Ramayana, onde o rio Papaghni atravessa a cordilheira.

3. **Nallamalais e Lankamalais:** A cadeia de montanhas estende-se para norte ao longo da linha de fronteira que divide os talukas de Kadapa e Sidhout e depois para o taluka de Proddatur, fundindo-se no distrito de Kurnool. Os Nallamalais estão cobertos por uma floresta densa e abundam os animais selvagens. As colinas têm uma altitude média de 2500 a 3000 pés.

4. **Yerramalais:** A caixa de granito vermelho, desprovida de vegetação, apresenta um aspeto desolado de vermelho em contraste com os campos negros de algodão que a circundam e, por esse motivo, adquiriu o nome de "Yerra". Assim, o território de Kadapa, associado a estes rios e colinas sagrados, é considerado uma terra santa.

O solo do distrito de Kadapa foi classificado em solo vermelho ferruginoso e solo negro. Estas duas classes podem ser subdivididas em argila, areia e argila com distinções mais finas.

A geologia, a topografia, o clima e o solo têm uma grande influência na natureza da vegetação. As florestas do distrito de Kadapa são de tipo caducifólia seca. A floresta ocupa a maior área em redor da cidade de Kadapa. Estima-se que cerca de 30 % da área geográfica total do distrito esteja coberta por florestas. O estado geral da floresta no distrito não é muito bom. A única distinção da floresta é o facto de os seus espaços mais importantes serem os famosos pterocaropus santalinus ou red sanders. Uma vez que este é o único distrito do país em que esta espécie ocorre, foi desenvolvida uma estratégia positiva de conservação e extensão. Esta área foi também identificada como a floresta de Dandaka, através da qual o rei deus Sree Rama e a sua consorte Seetha vaguearam durante os seus 14 anos de exílio.

Fisiografia

Fisiograficamente, Kadapa é uma zona de planície. A sua elevação é de dois tipos: o primeiro, uma planície baixa (cerca de 400 pés (120 m) a 450 pés (137 m) acima do nível do mar) ocupada pela cidade, que constitui o norte, o leste e o sudeste da cidade, enquanto o outro, que compreende a parte sul e sudoeste, forma uma planície alta de 1500 a 2500 pés (760 m) acima do nível do mar. De um modo geral, Kadapa tem a forma de um paralelogramo irregular, dividido em duas partes quase iguais pela cordilheira dos Ghats Orientais, que a intersectam ao longo de todo o seu comprimento. A cidade estende-se ao longo de "Bugga Vanka" e "Ralla Vanka", numa depressão limitada a sul pelas principais Palakondas (parte dos Ghats Orientais) e a leste por uma faixa das mesmas colinas que se projecta para norte em direção a Lankamalas, do outro lado do Penneru. As duas áreas assim formadas possuem caraterísticas totalmente diferentes. A zona montanhosa de Nallamalai estende-se por cerca de 30 quilómetros na direção sudoeste, na margem noroeste do distrito de Kadapa, que inclui locais de beleza natural. Existem também alguns pântanos e charcos espalhados pela área da planície.

Drenagem

O sistema de drenagem de Kadapa tem desempenhado um papel dominante na evolução do povoamento urbano e do seu padrão desde os tempos históricos. Além disso, o Bugga vanka recebe um grande número de efluentes da cidade. A paisagem ao longo do rio Bugga vanka durante o seu curso através das colinas, especialmente no Seshachalam, é extremamente bela e varia entre torrentes furiosas e selvagens que varrem rochas nuas e trechos plácidos de piscinas profundas com o rio a girar nos redemoinhos entre prados ricos, verdejantes com relva e margens cobertas de salgueiros.

Os cursos de água das colinas da cidade são rios perenes e não perenes. Os rios em campo aberto raramente transportam um grande caudal de água durante o tempo quente. De novembro a fevereiro, os cursos de água reduzem-se a pequenos riachos nas suas partes mais baixas. Os rios Sagada, Ret, Indravati, Bada Nala e muitos outros transportam um forte caudal de água perene nas partes superior e média e só a perdem nos seus leitos arenosos quando descem para as planícies.

Bugga Vanka que fornece água à maior parte do bloco de Kadapa para fins de irrigação. Existem tanques em quase todas as aldeias. Os tanques são principalmente utilizados para tomar banho, beber, para a piscicultura e para fins de irrigação. Pushpagiri é o local mais importante de junção dos três afluentes do rio Penna, a cerca de 15 km da área da cidade de Kadapa, sendo o local mais atrativo e o local de piquenique para os turistas.

Clima

O clima é definido como as condições atmosféricas médias de uma área durante um período considerável G.T. Trewartha (1980). O clima é principalmente do tipo semiárido e, de acordo com a classificação climática de Koeppen, foi classificado como clima do tipo "AW". O Mandal tem um clima sub-húmido seco (Jaya Raju, 1989), que é seco e agradável. O ano civil pode ser dividido em quatro estações, a saber: a) inverno (janeiro e fevereiro), b) verão (março, abril e maio), c) Sudoeste (junho, julho, agosto e setembro) e d) Nordeste (outubro, novembro e dezembro). O período de dezembro a fevereiro é, comparativamente, uma estação fria. A estação de verão, de março a maio, é seguida pela estação das monções do sudoeste e pela estação das monções do nordeste.

Muito recentemente, existe um observatório meteorológico em Kadapa que começou a funcionar. O clima deste distrito é extremo e, em média, regista uma variedade de clima de monção. A estação do verão é intensamente quente e o inverno é muito frio. A temperatura mínima da cidade varia entre 25 °C e 30 °C entre novembro e fevereiro e a temperatura mais quente entre 40 °C e 43 °C entre abril e maio. O ano divide-se em quatro estações. A estação quente, de março a maio, seguida da estação das monções do sudoeste, de junho a setembro. outubro e novembro constituem a estação pós-monção. A estação fria decorre de dezembro a fevereiro. Num determinado dia, a temperatura máxima foi de 45° C em Kadapa, em 23 de maio de 2008. 10th dezembro é o mês mais frio, com a média diária máxima de cerca de 21° C e a média diária mínima de cerca de 11° C.

Temperatura

A temperatura média mensal na Corporação Municipal de Kadapa varia de um máximo de 30,**2°C** em abril a um mínimo de 20,4°C em dezembro (Tabela 1.1). As temperaturas médias mensais são inferiores a **30°C** nos meses de janeiro, fevereiro, março, junho, julho, agosto, setembro, outubro, novembro e dezembro. As temperaturas médias mensais são superiores a **30°C** nos meses de abril e maio. A temperatura máxima média é de 42,**5°C** no mês de maio e a mínima média é de 15,**5°C** no mês de dezembro. As temperaturas máximas médias são superiores a **35°C** nos meses de abril e maio. A temperatura máxima média varia entre **30°C** e **40°C** durante os meses de fevereiro, março, abril e junho. Nos meses de dezembro, janeiro, julho, agosto, setembro, outubro e novembro, a temperatura máxima média é inferior a **30°C**. O gráfico acima mostra que a temperatura média mensal está a aumentar nos meses de março, abril e maio. A distribuição espacial mostra que a temperatura é mais elevada devido à temperatura elevada nesta estação e também diminui entre os meses de junho e janeiro.

Quadro - 1.1

Temperaturas médias mensais (°C) da Corporação Municipal de Kadapa

S. No.	Month	Mean Monthly Temperatures (°C) Kadapa		
		Mean Maximum 8.30 hrs	Mean Minimum 5:30 hrs	Average
1	January	26.9	15.4	21.2
2	February	30	16.9	23.5
3	March	33.3	19.4	26.4
4	April	39.2	22.4	30.8
5	May	42.5	23.9	33.2
6	June	32.1	22.8	27.5
7	July	29.9	21.8	25.9
8	August	29.9	21.8	25.9
9	September	29.4	21.2	25.3
10	October	28.4	20.1	24.3
11	November	26.7	17.6	22.2
12	December	25.3	15.5	20.4

Fonte: Calculado a partir dos dados recolhidos.

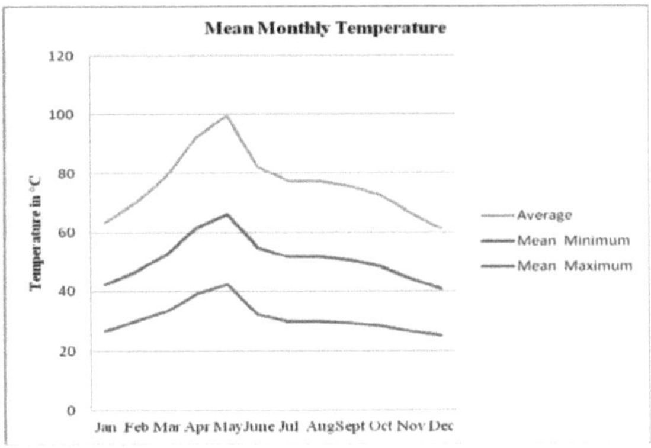

Fig.1.2

A precipitação média anual é de 1378,3 mm. A variação da precipitação anual de ano para ano não é muito grande (Fig. 1.1).

Com base nas condições agro-climáticas, o distrito cai tanto na zona sul como na zona de chuvas escassas. Na zona sul, a precipitação varia entre 700 e 800 mm, enquanto na zona de escassez de precipitação a precipitação é de 500 a 700 mm. A precipitação normal do distrito é de 700 mm e a precipitação efectiva varia de 400+ a 800+ mm. A cidade de Kadapa recebe a maior parte da precipitação (cerca de 60%) durante o período de junho-setembro através da Monção do Sudoeste. Mais de 30% da sua precipitação média provém da Monção do Nordeste durante outubro-dezembro. Os restantes 10-15% da precipitação ocorrem durante o período de inverno (janeiro e fevereiro) e no período de tempo quente (março-maio). Entre os 51 Mandals deste distrito, os Mandals de Rajupalem, Duvvur, Kalasapadu e Porumailla recebem a precipitação máxima da Monção do Sudoeste, enquanto os Mandlas de Chitvel, Kodur e Obulavaripalle recebem da Monção do Nordeste. A melhor época para visitar este local é de novembro a janeiro. Os trópicos são a região geográfica da Terra centrada no equador e limitada em latitude pelos dois trópicos: o Trópico de Câncer, no norte, e o Trópico de Capricórnio, no hemisfério sul.

Precipitação

A quantidade de precipitação anual em Kadapa varia geralmente entre 32 e 34 polegadas, recebendo cerca de 4000 quilómetros cúbicos de água através da precipitação. Verifica-se que a precipitação diminui das monções do Nordeste para as do Sudoeste.

Cerca de 80% da precipitação anual da cidade provém principalmente da estação das monções do nordeste, de outubro a dezembro, seguida da monção do sudoeste, de junho a setembro. A maior parte da precipitação ocorre, portanto, em poucos meses por ano, permanecendo o distrito seco durante quase todo o resto do ano. Além disso, a precipitação é altamente variável, tanto espacialmente como em quantidade. Varia entre 24 mm na cidade e 968 mm na cidade durante as monções do sudoeste. A incerteza quanto ao início atempado da monção e as variações na quantidade de precipitação recebida de ano para ano afectam gravemente a agricultura. A falta de chuva de verão afecta negativamente as culturas de "Kharif" em pé, bem como a sementeira das culturas de "rabi". Normalmente, a intensidade das chuvas de monção é torrencial. Este facto provoca um enorme escoamento que resulta na erosão do solo (Sharma & Paul, 1999).

Quadro 1.2

A precipitação média mensal da cidade de Kadapa

S. No.	Month	Mean total rainfall in mm.
1	January	1.4
2	February	0.7
3	March	2.12.
4	April	12.8
5	May	42.7
6	June	73.0
7	July	102.7
8	August	126.3
9	September	125.0
10	October	114.6
11	November	97.6
12	December	24.0

Fonte: Calculado a partir dos dados recolhidos.

A Corporação Municipal de Kadapa recebe uma precipitação média de cerca de 720,8 mm. A precipitação média mensal máxima de 125,0 mm é registada no mês de setembro e a precipitação média mensal mínima de 2,12 mm é registada nos meses de janeiro, fevereiro, março e abril. A Corporação recebe uma precipitação média de 3,6 mm. no período de inverno, 55,5 mm. no período de verão, 427 mm. durante o período das monções do sudoeste e 236,2 mm durante o período das monções do nordeste. A corporação recebe mais de 85 mm de precipitação nos meses de setembro e outubro. No mês de agosto, a precipitação média é de cerca de 126,3 mm. A precipitação média mensal varia de 40 mm a 102,1 mm em maio, junho, julho e agosto. A precipitação média mensal é inferior a 10 mm nos meses de janeiro, fevereiro, março e dezembro (Fig. 1.2). O gráfico seguinte mostra que a precipitação média está a diminuir nos meses de dezembro, janeiro, fevereiro, março, abril e maio. A distribuição espacial da precipitação média aumenta nos meses de junho a novembro. Aqui, as estações de monção sudoeste e monção nordeste dão mais precipitação na área de estudo (Tabela 1.2).

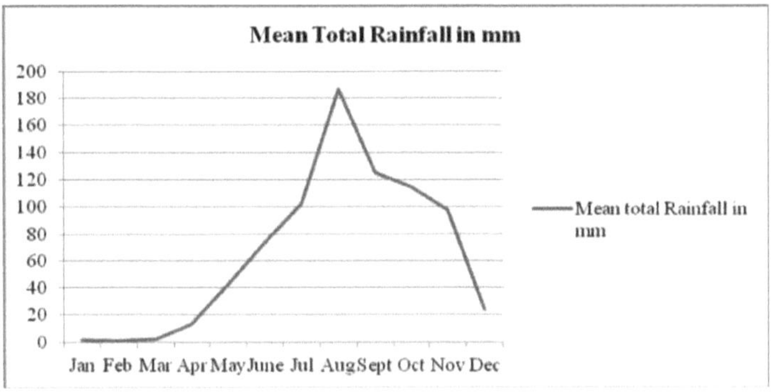

Fig. 1.3

Fonte de dados Metodologia

No presente estudo, o investigador seguiu uma metodologia sistemática no que respeita à seleção da cidade e à recolha de dados junto de vários serviços. Os dados primários foram recolhidos sobre a atividade comercial da Corporação Municipal de Kadapa, para traçar a génese da cidade de Kadapa e as razões específicas da sua origem. Para o efeito, foram adoptados os estudos da literatura mitológica e folclórica, das escrituras antigas, de algumas inscrições, de mapas e registos históricos. Tendo isto em conta, o presente estudo tenta compreender o processo de evolução do povoamento de

Kadapa desde a sua origem até aos dias de hoje. Este estudo foi registado a partir de mapas e informações mantidos pelas Autoridades de Desenvolvimento Urbano de Kadapa (KUDA) e pela Corporação Municipal de Kadapa (MCK). O investigador recolheu a informação em grande parte com base em dados secundários. Os dados secundários foram recolhidos junto de vários serviços, como os relatórios dos Censos, registos governamentais, Gazetteers, relatórios do manual Gribbs e outra literatura disponível sobre aspectos relevantes. O crescimento decadal da população de 1901 a 2011, ao longo de um período de 110 anos, foi recolhido do recenseamento da Índia. A distribuição da população por bairros, de 1961 a 2011, foi recolhida da Corporação Municipal de Kadapa. Os principais problemas ambientais relacionados com o esgoto urbano, a eliminação de resíduos sólidos, o congestionamento das estradas, os bairros de lata urbanos e a poluição foram recolhidos junto da Corporação Municipal de Kadapa. Os dados de diferentes fontes, como mapas topográficos e imagens de satélite, constituem a fonte para a criação da base de dados espaciais. A informação socioeconómica e demográfica foi recolhida dos relatórios dos Censos da Índia e de Andhra Pradesh e de outras instituições como as Corporações Municipais, os Serviços Económicos de Andhra Pradesh, os registos dos funcionários das Receitas Mandal e a Autoridade de Desenvolvimento Urbano de Kadapa (KUDA). As caraterísticas demográficas relevantes, como a densidade populacional, o crescimento da população ao longo do período, o potencial populacional, etc., parecem ter uma relação direta com os padrões fundiários da cidade. Os dados relativos à utilização dos solos durante um período de sete décadas (1951 a 2011) foram igualmente recolhidos junto da Kadapa Municipal Corporation.

Objectivos

O objetivo geral do presente estudo é descrever, analisar e interpretar os dados relativos à origem e evolução da cidade de Kadapa em Andhra Pradesh. Por conseguinte, a cidade de Kadapa é tomada como unidade de investigação para a realização de um planeamento a nível micro.

Mais especificamente, os objectivos do presente estudo são:

1. Estudar a origem e a evolução da cidade de Kadapa

2. Explicar os factores que contribuem para o processo de urbanização nos períodos histórico e contemporâneo

3. examinar a estrutura demográfica da cidade de Kadapa

4. estudar as mudanças na utilização dos solos da cidade de Kadapa

5. estudar os problemas ambientais urbanos

Plano e projeto da obra

Capítulo - IPerspectiva e enquadramento da área de estudo.

Capítulo - IIOrigem e evolução da cidade de Kadapa

Capítulo - III Perfil demográfico da área de estudo

Capítulo - IV Alterações da utilização dos solos na zona de estudo

Capítulo - V Problemas ambientais urbanos

Capítulo - VI Gestão dos resíduos sólidos

Capítulo - VII Resumo Recomendações e implicações

REVISÃO DA LITERATURA

Este capítulo contribui para que os geógrafos urbanos compreendam a origem e a evolução das cidades na Índia e no estrangeiro. Os factores e as forças responsáveis pela evolução dos centros urbanos, juntamente com os estados e a civilização em diferentes partes do mundo. Os geógrafos que se debruçaram sobre a origem e a evolução dos centros urbanos em diferentes partes do globo e em diferentes momentos da história juntaram-se aos arqueólogos no estudo da dinâmica da origem e da evolução dos centros urbanos. Uma revisão dos geógrafos urbanos sobre a origem, a evolução e o desenvolvimento dos centros urbanos revela o padrão de urbanização nos últimos anos. A revisão mostra que não existe uma única origem dos centros urbanos, mas sim muitas origens que incluem tradições culturais independentes com um modo de vida urbano.

O estudo de Haggett, P (1972) revela que a relação do homem com o ambiente não é apenas uma questão de demografia e de economia. As crenças e as fantasias, as tradições e os tabus também têm o seu lugar numa interpretação das relações do homem com o seu ambiente.

Neelam Grover (1985) estudou os aglomerados rurais A geografia centrou-se principalmente em três componentes primárias de um aglomerado rural: O tipo de casa, o padrão do campo e o complexo da povoação e, de um modo geral, ignoraram a análise.

A Geografia dos aglomerados rurais pode ser definida como uma variação local dos processos de povoamento e dos resultados paisagísticos desses processos, integrados noutros elementos, contribuindo assim para a compreensão do carácter total de uma área. Na Índia, uma civilização essencialmente agrária, a compreensão dos assentamentos rurais é fundamental para a compreensão do carácter das regiões que a compõem. Os aglomerados rurais são, portanto, os resultados cumulativos de processos que operam em diferentes contextos culturais ao longo de um período de tempo. Em qualquer momento histórico, os aglomerados rurais não são apenas a expressão paisagística da interação entre a cultura e a natureza, entre os sistemas de valores e a tecnologia e a base material fornecida pelos contextos ecológicos da época, mas também os vestígios ou relíquias de ocupações anteriores caracterizadas pelos seus próprios processos, sistemas de valores e tecnologia.

Como consequência da tendência para a urbanização, foram realizados estudos sobre vários elementos da geografia urbana, sendo o pioneiro neste domínio R.L. Singh (1955). Antes disso, os estudos limitavam-se ao crescimento do espaço urbano (Subramaniyam, 1938, Chettiar, 1937, Kuriyan, 1941). O trabalho de R.L. Singh foi seguido por vários geógrafos sobre o uso do solo urbano (Singh, U., 1956, 1959, Nizam, M.N., 1964, Singh A.N., 1967), sobre a evolução e a descrição geral de cidades individuais (Singh, R.L., 1957, Singh, H.H., 1958, Rao, 1960, Nigam, 1960, Lal, 1962, Ramesh, 1965) e sobre a morfologia funcional (Singh, R.L., 1955, Singh, K.N., 1957). Também foram analisados problemas de planeamento e melhoria das áreas urbanas (Singh, 1956, Dutt, 1959, e Kayastha, 1967). Foram efectuados estudos em termos de padrões espaciais e tendências de urbanização (Singh, R.L., 1956, Janhari, 1957 e Singh, 1967). A atividade comercial e a hierarquia dos mercados (Mukerjee, 1968) foram estudadas ao longo da parte oriental dos Himalaias. A classificação das cidades foi tentada numa base funcional e foram analisadas as relações entre as classes de dimensão urbana, estando disponíveis para a maior parte do sul da Índia (Tiwari, 1968, Reddy, 1969, Singh, 1969).

Sundaram e Chandra Sekhar (2009) descreveram a morfologia urbana e a estrutura interna de cidades selecionadas da Índia. Battacharya (2009) descreveu o crescimento morfológico da cidade de Gauhathi. Atulla (2009) traçou a origem, o crescimento morfológico e a expansão urbana da cidade de Bangalore. Um estudo da morfologia urbana da cidade de Patna foi efectuado por Rao (2001).

Os conceitos de Umland (Singh, 1956, Singh, U.,1961), actividades básicas e não básicas (Singh, R.L, 1966), conurbações (Dwivedi,1969) e metodologia das zonas funcionais (Dikshit, 1961) são alguns dos principais contributos dos geógrafos indianos no domínio da Geografia Urbana. O estímulo é o resultado do rápido crescimento das áreas urbanas na Índia nas últimas três décadas. Este facto deu origem a vários problemas relacionados com a habitação, o abastecimento de água, os padrões de compras e outras comodidades essenciais.

A análise mais completa dos estudos morfológicos das cidades indianas foi efectuada por Brush (1962). A principal observação feita por Brush foi que as teorias desenvolvidas sobre a estrutura intra-urbana para as cidades ocidentais não se aplicam às cidades indianas.

A urbanização conduz a uma migração contínua da população rural para as cidades em busca de oportunidades de emprego e de melhores condições de vida. Trata-se de uma faceta importante do desenvolvimento económico. O processo de urbanização rápida é o resultado de visões de desenvolvimento económico de actividades que se desenvolvem no âmbito de programas de industrialização rápida. Krishnaiah (1995) estudou a urbanização dos distritos afectados pela seca na região de Rayalaseema. Dandin (2005) fez uma tentativa de estudar a urbanização e o desenvolvimento regional na região de Maidan, em Karnataka.

Soundara Rajan, K.V., explicou que Kausambi representa a disseminação de povoações durante 1500 a.C. a 800 a.C. no vale do Ganges ocidental e oriental. Chirand, Rajaghat Sonepur, Chechar e os vales Blan de Koldihva e Deoghat são outros exemplos. Kausambi entrou em contacto estreito com Malwa durante o primeiro milénio a.C. De acordo com Rapoport, A. (1969), os edifícios e as povoações são a expressão visível da importância relativa atribuída a diferentes aspectos da vida e das diferentes formas de perceção da realidade. Ramohan Rao, R., no seu trabalho "Growth of Cites", um estudo de caso de Warangal, analisou a relação entre crescimento histórico, relações demográficas, sociais, funcionais e regionais. Knox (2009) As cidades de pequena e média dimensão desempenham frequentemente um papel fundamental nas economias regionais. Constituem os blocos de construção das regiões urbanas e conferem carácter e distinção às suas paisagens regionais.

Tiwari, (1982) estudou as povoações da era pré-histórica na região de Vindhya, que estão envoltas em mistério. As recentes escavações arqueológicas provam que os primeiros caçadores do Mesolítico migraram para a região de Ganga Plain Vindhyan entre 10000 e 7000 a.C. e ergueram as suas cabanas temporárias perto da margem do lago.

Os estudos sobre a morfologia urbana e o crescimento morfológico descrevem a origem e o crescimento dos centros urbanos em qualquer região. Muitos geógrafos na Índia tentaram estudar a morfologia urbana e as suas mudanças. Singh (1955) fez uma tentativa de estudar a morfologia urbana da cidade de Gorakpur. Só em áreas limitadas é que as cidades surgiram a partir da agricultura de aldeias fixas; noutros locais, foram produtos do impacto físico direto de sociedades já urbanizadas ou de alguma forma de influência proveniente de áreas urbanizadas que precipitou a mudança numa sociedade que já tinha condições predispostas (Carter). Os estudos de perceção dos habitantes da cidade na zona central da grande Bombaim foram efectuados por Okorigwe e Sita (1988). Golany (1992) apresentou um artigo sobre design urbano, morfologia e desempenho térmico na conferência realizada sobre ambiente térmico urbano. O crescimento urbano e o desenvolvimento do sistema urbano em Bengala Ocidental foi efectuado por Sankar (1995). R.E. Dickinson (1966) no seu artigo "A Geographical integration" explica a estrutura da cidade vista e interpretada em termos da sua origem, crescimento e função.

Os estudos relativos à população urbana foram efectuados por alguns geógrafos. Raghavan (1935) descreveu a população do distrito de Anantapur. Singh (1958) explicou a estrutura demográfica de Allahabad. Os aspectos demográficos da urbanização na região de Telangana foram analisados por Ramamohan Rao e Padmanabha Rao (1985). Alguns aspectos da migração na cidade de Pune foram estudados por Khairkar (2000). Ray (2000) fez uma tentativa de estudar uma distribuição planeada da população urbana e revelou a relação entre a realidade e a teoria. Clarke (1989) observou, com razão, que "o ambiente, os cientistas, a economia e as políticas produzem acontecimentos inesperados que afectam a distribuição, a composição, a mobilidade e o crescimento da população, grande ou pequena, de diversas formas". De facto, com o crescimento exponencial da população e a sua crescente pressão sobre os recursos físicos e culturais, o estudo da população tornou-se mais relevante porque "os factos da área da população estão tão intimamente orquestrados com a totalidade da realidade geográfica" (Zelin Sky, W (1966)). É provavelmente verdade que durante 99% da história da humanidade, a população mundial permaneceu escassa e esporádica, "A população deve ter sido dispersa porque era nómada. A população deve ter sido dispersa porque era nómada. Deve também ser considerada como esporádica, com espaços vazios aqui e ali, áreas habitualmente desocupadas" (Blache, P. Vidal de la).

As zonas funcionais de Ranji foram analisadas por R.L. Singh (National Geographical of India Vol. 3, 1957). Comparou a zona urbana com um organismo vivo. Referiu que as diferentes partes da cidade desempenham funções diferentes, tal como os diferentes membros desempenham funções diferentes no corpo. O crescimento da cidade foi analisado através da segregação das funções em usos comerciais, educativos, residenciais e industriais. U. Singh também classificou a função urbana de Allahabad com base em padrões de utilização do solo urbano como comercial, residencial, administrativo e agrícola. Farr, D. (2008) As caraterísticas genéricas das cidades de pequena e média dimensão - em especial a sua escala humana, habitabilidade, o convívio dos seus bairros e a sua inserção geográfica e carácter histórico - constituem, em muitos aspectos, um ideal de urbanismo sustentável.

Há uma escassez de investigações sobre as origens dos centros urbanos na Índia.

As primeiras cidades do subcontinente indiano surgiram no Vale do Indo e para além dele, por volta de 2509 a.C., ou seja, 3000 anos após o aparecimento das cidades na Mesopotâmia. As cidades mais conhecidas foram Harappa, em Punjab, e Mohenjo-Daro, em Sind, no Paquistão, e Halar, Lothal e Telod, em Gujarat, na Índia.

Tanto Harappa como Mohenjo-Daro tinham traçados geométricos. As casas individuais eram bem planeadas com a devida atenção ao saneamento. Havia celeiros, locais de reunião, centros rituais e instituições educativas. O ponto alto de cada cidade era uma acrópole construída com barro e tijolo de lama a uma altura de quarenta e cinco metros acima do nível do solo. Sobre esta acrópole situavam-se os edifícios rituais e os locais de reunião. Uma elevada inteligência cívica, um planeamento urbano sistemático e a diferenciação de funções como a administração, a economia militar, agrícola e comercial, o artesanato, a organização ritual, o sistema de escrita, a educação, a arquitetura monumental, o comércio externo e os vastos sistemas de transporte caracterizavam a vida urbana. A consciência cívica e o planeamento urbano, assim chamados os sumérios.

As cidades eram de vários tipos, consoante as suas principais funções: cidade fortificada (nagara), portos comerciais (Patna), cidade mercantil (dronamukha), pequena cidade murada (Kheta), cidade industrial (Shakanagara), cidade murada de maiores dimensões (nigana), capital real (rajadhani), cidade militar suburbana (senamukha), capital real temporária (sanuja), cidade universitária (Matha ou vihara). Cidades-templo (divya nagara) e cidades sagradas (punya nagara).

Centenas de capitais reais (rajadhanis) existiram na Índia Patiliputra foi a maior cidade e capital real no tempo dos Mayuras. Os Guptas tiveram durante a maior parte do tempo a sua capital em Ayodhya. Os Sakas governavam a partir de Ujjain. No sul da Índia, Kanchi era a capital dos Pallavas e Cholas Madhura era a capital dos Pandyas. Hampi era a metrópole dos reis vijayanagar. Todas as cidades eram capitais reais. Eram cidades bem fortificadas que albergavam o local, as secções reais, os mercadores, os artesãos e vários especialistas religiosos. Eram grandes centros de cultura e de comércio que atraíam comerciantes do mundo ocidental.

Para além deste, havia outros tipos de centros urbanos. Nalanda era uma cidade universitária. Kasi, Puri, Tirupati e Srirangam eram grandes cidades-templo. Gaya, Nasik, Pushakara e Madhura eram cidades sagradas.

O comércio dominava as actividades económicas em todas essas cidades tradicionais. Os comerciantes e artesãos de vários tipos estavam organizados em grémios (srenis), cada grémio era um grupo de pessoas que subsistia da ocupação de uma casta. Havia também grémios heterogéneos (puga). Cada um destes grémios era uma associação de pessoas de diferentes castas e ocupações que viviam numa mesma localidade. Cada grémio ocupava uma área residencial separada na cidade. Cada grémio servia de grupo de especialistas, de banco local, de tribunal consuetudinário, de lei e de agência de bem-estar da comunidade de castas.

O governo da cidade girava em torno das corporações. O chefe da cidade (nogara-sheth) era uma espécie de presidente da câmara que ocupava o cargo devido à sua posição hereditária e ao seu estatuto mais elevado no sistema dos grémios de banqueiros. Havia uma grande competição entre os chefes dos grémios de banqueiros por este cargo.

Durante o período muçulmano, foram construídas várias cidades com diferentes objectivos. Deli, no final do século XIII, Agra, em meados do século XVI, e várias outras localizadas em redor de Deli eram cidades imperiais. Ahmedabad surgiu como cidade comercial e industrial. Lucknow, Hyderabad e várias outras entre os séculos

Os séculos XIV e XVII foram cidades provinciais que serviam de capitais reais e de locais administrativos, comerciais, fabris e militares.

Muitas cidades sagradas foram construídas pelos governantes muçulmanos. Azmeer era uma cidade de peregrinos para os muçulmanos. Um complexo religioso muçulmano era antigo e muitas cidades não muçulmanas como Gaya.

A urbanização implica um aumento do número de centros de concentração populacional, um crescimento do número e da dimensão dos aglomerados urbanos e a transferência de pessoas de actividades agrícolas para actividades não agrícolas. A urbanização ocorre principalmente através do aumento natural da população, da reclassificação de locais rurais e urbanos e da migração rural-urbana. O processo de urbanização ocorre na proporção da população urbana. Este processo provoca uma mudança reprodutiva na população urbana. A migração rural-urbana é um componente principal da urbanização e o mecanismo essencial pelo qual as tendências de urbanização são realizadas. A urbanização é um processo cíclico. Griffith Tylor (1945) descreveu a urbanização como uma deslocação de pessoas da aldeia para a cidade. Davis (1955) define a urbanização como uma mudança revolucionária em todo o padrão de vida social. Gibbs (1961) afirma que a urbanização é um processo que envolve a multiplicação de pontos de concentração populacional, bem como o aumento do tamanho da concentração urbana individual. Stamp (1961) afirma que a urbanização é caracterizada pela deslocação de pessoas de pequenas comunidades que se dedicam à agricultura para outras comunidades onde as actividades se prendem principalmente com a gestão, a produção, o comércio e os interesses conexos. Lynch (1963) definiu urbano, urbanismo e urbanização. Segundo ele, a urbanização é o desenvolvimento e a extensão do modo de vida caraterístico das cidades e a adaptação do homem ao meio urbano ou à própria cidade. Kiuchi e Ishimizui (1963) descreveram que uma grande concentração num local específico provoca uma urbanização acelerada e uma metropolitanização. Anderson (1964) afirma que a urbanização é um fenómeno novo que teve início após a revolução industrial. Hauser (1965) afirma que a urbanização é um processo de concentração da população que ocorre através do aumento do número de pontos de concentração ou aglomeração e do aumento da dimensão das concentrações ou aglomerações individuais. Curie (1966) afirma que a urbanização é crucial para a aceleração do desenvolvimento económico da nação. Reddy (1970) explicou o termo urbanização e descreveu os fenómenos urbanos, bem como o processo e as mudanças urbanas. Rarnegowda (1972) salientou que a urbanização se tornou um fenómeno universal como consequência da rápida industrialização. De acordo com Triwartha (1972), a urbanização é um processo cíclico. Existe uma correlação positiva direta entre o grau de industrialização e a urbanização. Alam e Poksheshevsky (1974) consideraram a urbanização como uma mudança na natureza da atividade das pessoas, na relação entre a população envolvida na atividade agrícola e nas actividades não agrícolas. A urbanização pode ser representada como um processo que conduz a uma ligação especial de acções num número relativamente reduzido de áreas onde a eficiência urbana é mais elevada. Sundaram (1977) salientou que a urbanização tem sido tratada como um fator passivo do desenvolvimento económico. Mandal (1982) definiu que a urbanização lida com a terra e com a produção de máquinas e está intimamente ligada à concentração de pessoas num único local através da migração das zonas marginais e circundantes, com uma ambiciosa esperança de futuro autodesenvolvimento materialista. A urbanização conduz a uma migração contínua da população rural para as cidades em busca de oportunidades de emprego e de melhores condições de vida.

D. Da Mata, U. Deichmann, J.V. Henderson, S.V. Lall, H.G. Wang (2007): Neste artigo, examinamos os determinantes do crescimento das cidades brasileiras entre 1970 e 2000. Consideramos um modelo de cidade, que combina aspectos da economia urbana padrão e da literatura da nova geografia económica. Para a análise empírica, construímos um conjunto de dados de 123 aglomerações brasileiras e estimamos aspectos do lado da procura e da oferta, bem como uma especificação de forma reduzida que descreve os tamanhos das cidades e o seu crescimento. Nossas principais conclusões são que a diminuição das oportunidades de renda rural, o aumento do potencial de mercado de bens e da qualidade da força de trabalho e a redução dos custos de transporte intermunicipal têm fortes impactos sobre o crescimento das cidades. Verificamos também que a criminalidade e a violência locais, medidas pelas taxas de homicídio, afectam o crescimento.

Este artigo apresenta os resultados do desenvolvimento de uma base de dados estatísticos e espaciais sobre as funções de utilização dos solos na mega-cidade de Carachi. O quadro metodológico para esta investigação baseou-se nas capacidades proporcionadas pela cartografia virtual e pelos Sistemas de Informação Geográfica (SIG) actuais. As categorias de utilização do solo delineadas pela antiga Autoridade de Desenvolvimento de Carachi foram analisadas com base nas classificações funcionais socioeconómicas. Em conclusão, este conjunto de informações proporcionou uma perspetiva única para analisar o cenário da utilização dos solos de Carachi e as condições socioeconómicas associadas. As causas latentes estão enraizadas no tecido socioeconómico da população. A fraca governação e a fragilidade dos controlos institucionais agravam ainda mais a situação de desigualdade. Os efeitos são, obviamente, as funções de utilização do solo urbano em constante mudança, próprias das cidades dos países em desenvolvimento, especialmente do Sul da Ásia.

Tipos de cidades

Os estudos relativos aos tipos de cidades são muito escassos. Dutt apresenta uma classificação emic das cidades da Índia e, ao examinar o planeamento urbano na Índia antiga, apresenta vários tipos de cidades indígenas na Índia: rajadhani, durga, nagara, pattana, dronamukha, kheta, kharvata, nigama, sivira, senamukha, shaniya e matha ou vihara.

Rajadhani era uma capital política, com uma cintura de muralhas e muralhas circunscritas por ditoshes e saídas militares. No interior da metrópole, havia lugares separados para o local, os oficiais reais, o exército, os cidadãos, os bairros e as lojas. Tinha tanques, poços, jardins, templos, travessas e bordéis.

Durga era uma cidade fortificada. Estava equipada com um arsenal e bem abastecida de géneros alimentícios. Era simultaneamente sede de chefes e reis e cidade militar, uma espécie de acantonamento.

Nagara era uma vulgar cidade fortificada. Onde o comércio interior era uma atividade importante.

Patna era um grande porto comercial situado nas margens de um rio ou do mar. Era uma cidade de castas comerciais, como os Vaisyas, que se abasteciam de jóias, riquezas, seda, perfumes e outros artigos.

Dronamukha era também um mercado, uma cidade situada no delta de um rio ou à beira-mar, frequentada por comerciantes. Mas era um pequeno centro comercial no meio de 400 aldeias.

Kheta era uma pequena cidade amuralhada situada na planície, perto de um rio ou de uma floresta, no meio das aldeias e com meios de comunicação.

Skhanagara era também uma pequena cidade murada. Se um kheta fosse combinado com indústrias locais, como a mineração, era conhecido como Skhanagara.

Karveta era semelhante a kheta, era uma cidade terrestre situada no meio das 200 aldeias.

Nigama era também uma cidade-mercado, mas constituída principalmente por artesãos. Era um local de visita para comerciantes e caravanas.

Sivara era o acampamento dos reis do exército que partia em conquista. Por outro lado, Senamukha era uma base militar que era também uma cidade suburbana, um pouco afastada da cidade principal e da sua jardinagem.

Shaniya era uma cidade fortificada local que era a sede de um rei com guarnição e polícia. Não era, contudo, uma capital permanente.

Matha ou vihara era uma cidade universitária que se organizava em torno da educação. Estava protegida de ataques exteriores e era assegurado um abastecimento alimentar constante.

As cidades-templo e as cidades sagradas constituíam as outras categorias de centros urbanos na Índia. As cidades-templo tinham vários anéis sucessivos de caminhos circundantes que cresciam à volta dos terrenos centrais onde se situavam os templos. Nessas cidades, foram também criados vários santuários menores. Cada cidade-templo era o centro de diversas actividades culturais. Os empregados do templo incluem sacerdotes, músicos, assistentes, dançarinos, pessoal de escritório, artesãos e trabalhadores. Muitas vezes, o templo mantinha escolas e hospitais. Era também um proprietário de terras que contribuía, à sua maneira, para o desenvolvimento económico da região.

Por outro lado, as cidades sagradas eram centros de peregrinação e atraíam peregrinos. Todas as cidades sagradas faziam parte da geografia sagrada dos hindus, derivando o seu carácter sagrado dos épicos e das mitologias.

Assim, parece que os diferentes tipos de vilas e cidades da Índia antiga estavam organizados em diferentes eixos: administrativo, político, comercial, educativo e religioso. As cidades estavam especialmente organizadas em torno do comércio interior e marítimo. Distinguiam-se também vários acampamentos militares. As cidades universitárias, as cidades-templo e os centros de peregrinação baseavam-se nas actividades educativas, nas estruturas dos templos e na geografia sagrada, respetivamente.

Redfield e Singer classificaram as cidades de diferentes sociedades em função dos papéis culturais que desempenham. A este respeito, identificaram Allahabad como uma cidade ortogénica administrativa autóctone, Bombaim como uma cidade metropolitana heterogénea e Nova Deli como uma cidade moderna administrativa heterogénea.

Os geógrafos utilizam mais frequentemente o termo urbanização para se referirem ao processo de transformação. Lampard (1985) sugeriu que se fizesse uma distinção entre os três aspectos do processo de urbanização, ou seja, comportamentais, estruturais e demográficos. Os aspectos comportamentais da urbanização referem-se à experiência dos mais velhos ao longo do tempo e às mudanças no padrão do seu comportamento. Os aspectos estruturais do processo de urbanização referem-se às mudanças na estrutura económica e nos aspectos económicos de toda a população. Os aspectos demográficos referem-se ao processo de concentração da população. De acordo com Lampard (1965), é uma forma de ordenar a população para atingir um certo nível de subsistência e segurança num determinado ambiente. É mais ecológico e menos demográfico. Reissman (1964) interpretou a urbanização como o processo de mudança e as suas consequências, quando uma sociedade passa de uma economia agrária para uma economia industrial e de uma pequena sociedade homogénea para uma grande massa heterogénea. Gibbs (1963) desenvolveu um processo de povoamento em cinco fases nos aglomerados urbanos.

Fase 1: A povoação urbana surge, mas o aumento percentual da população urbana é igual ou inferior ao aumento percentual da população rural.

Fase 2: A taxa de crescimento da população urbana excede a taxa de crescimento da população rural, em grande parte devido à migração da população rural para a urbana e ao aparecimento de cidades de dimensão bastante grande.

Fase 3: A migração rural ocorre devido ao aumento da magnitude da migração rural-urbana. Em consequência da migração rural-urbana, o crescimento natural do campo é aniquilado. A taxa de concentração urbana aumenta ainda mais.

Fase 4: As necessidades das cidades tornaram-se mais sofisticadas e orientadas para a especialização. As grandes cidades arrastam a migração das pequenas cidades.

Fase 5: O processo de concentração não persiste, de modo a levar à concentração de toda a população num grande centro urbano.

A melhoria dos transportes e das comunicações reduz a distância física e temporal e não permite que a população se encontre sem um elevado grau de concentração. Torna-se imperativo um movimento de saída do núcleo ou dispersão residencial das áreas de elevado grau de concentração. Assim, surgem cidades-satélite na periferia das grandes concentrações metropolitanas. Hagget (1975) observou que, apesar de as populações rurais pobres afluírem para os bairros de lata da América Latina e de África, a contribuição relativa dos migrantes para o crescimento urbano total é pequena em comparação com a do crescimento natural. De acordo com Chandana (1976), verificou-se que as grandes cidades e as áreas metropolitanas estão a registar um rápido crescimento da sua população. Bose (1978) observou que as pequenas cidades estão a estagnar, o que levou a uma situação em que o país está a enfrentar problemas relacionados com a sobreorganização a um baixo nível de urbanização. Assim, o processo de urbanização tem de ser visto em função da proporção da população que vive em zonas urbanas, do número absoluto de habitantes urbanos, do crescimento da proporção de pessoas que vivem em centros urbanos e da taxa de crescimento do número de pessoas que vivem em zonas urbanas.

Os estudos relativos à população urbana foram efectuados por alguns geógrafos. As caraterísticas demográficas da cidade de Locknow são descritas por Singh (1959). Saxena (1966) tentou explicar a mobilidade diurna da população nas áreas de serviço da cidade de Meerut. Uma análise geral da urbanização e da população foi apresentada por Singh (1970). Saxena (1982) descreve a evolução da estrutura demográfica da cidade de Dehra Dune. Narayana Swamy (1996) explicou a estrutura demográfica das cidades metropolitanas, com especial referência à cidade de Madras. Mandal (1976) desenvolveu uma técnica quantitativa para estudar o crescimento da população urbana no Estado de

Bihar. A tendência e o padrão de crescimento populacional da cidade de Calcutá foram apresentados por Ghose (1976). Singh (1975-76) fez uma tentativa de estudar o crescimento da população nas grandes cidades de Uttar Pradesh. Agarwal (1977) descreveu o crescimento da população urbana em Chandigarh. Singh (1977) descreveu os padrões de crescimento da população intra-urbana nas cidades de Bihar (1977). Ray (1978) descreveu a cartografia quantitativa da população ativa nas zonas urbanas. Singh (1980) efectuou um estudo sobre o crescimento da população, o rácio entre os sexos e a estrutura etária das cidades de Bengala Ocidental. Mahto (1981) apresenta uma abordagem metodológica da cartografia da população. Kumar (1981) estudou as mudanças na estrutura profissional da população urbana dos distritos de Rohtak e Gurgoan. Nagi e Chatopadyay (1982) tentaram explicar a acessibilidade, a atratividade e a afetação da população nas áreas metropolitanas. A análise geográfica da população agrícola na região da cidade de Varanasi foi efectuada por Singh (1984). Alguns aspectos da população socioeconómica em Jhansi foram analisados por Singh (1984). Negi (1984) efectuou uma análise geográfica do padrão de imigração da cidade de Dehra Dune. Varthak e Benarjee (1984) efectuaram um estudo geográfico dos migrantes nas cidades de classe I de Maharastra. Alguns aspectos da migração na cidade de Pune foram estudados por Khairkar (2000).

A Índia foi objeto de colonização europeia. Os franceses e os portugueses não construíram muitas cidades, mas as poucas que construíram tinham algumas caraterísticas especiais que sobrevivem até aos dias de hoje. Os britânicos, devido à sua longa associação, tiveram um maior impacto na urbanização dos países. As três cidades presidenciais, nomeadamente Bombaim, Calcutá e Madras, têm muito a ver com os britânicos. Várias outras cidades e vilas também levam o toque britânico sob a forma de acantonamento, linhas civis e estradas mais pequenas. Também desenvolveram várias estações de montanha. Importantes cruzamentos ferroviários transformaram-se em vilas e cidades. Mais tarde, começam a surgir novas cidades industriais. O ritmo das urbanizações não foi muito rápido, mas foi suficientemente significativo para ter um impacto em toda a sociedade indiana.

A utilização do solo é um fenómeno dinâmico e denota uma utilização multifacetada do solo nas zonas urbanas. As fotografias aéreas e os dados de teledeteção são muito úteis para cartografar as unidades de utilização do solo e as eventuais alterações de utilização do solo nas zonas urbanas. A cartografia da utilização do solo diz respeito à classificação do solo de acordo com a sua utilização. Para efeitos de planeamento, o mapa de utilização do solo deve representar a distribuição e a extensão das diferentes utilizações do solo na zona urbana. Uma interpretação bem sucedida do solo e das suas utilizações implica a evolução da adaptação do homem ao ambiente. A utilização do solo será utilizada como base de dados de base que fornece os fundamentos para a afetação de novas práticas de utilização do solo. O mapa incorporará o impacto demográfico, económico e ambiental que ocorreu como componentes do programa de planeamento. O mapa de utilização do solo servirá de base para o planeamento global integrado das regiões urbanas. A NRSA (1978) efectuou vários inquéritos operacionais de deteção remota de recursos naturais na Índia para vários governos centrais/estatais e outras organizações profissionais. Alguns geógrafos indianos efectuaram estudos sobre a utilização dos solos e as alterações na utilização dos solos das cidades indianas.

Singh (1959) estudou os padrões de utilização dos solos em redor da cidade de Meerjapur. Stamp (1962), no seu livro "The Land Britain-Its use and Misuse", destacou o levantamento da utilização dos solos na Grã-Bretanha. Dutta (1965) cartografou as unidades físicas da cidade de Jamshedpur. Pal et al. (1965) estudaram o reordenamento urbano da cidade de Silguri. Stewart e Calwson (1968) descreveram o conceito de utilização do solo como "as actividades humanas no solo que estão diretamente relacionadas com o mesmo". A conversão da terra de um uso principal para outro manifesta-se como uma realidade tridimensional num espaço-tempo e numa inter-relação. Singh, D.N. (1973) descreveu o planeamento metropolitano na Índia. Vink (1975) definiu o uso da terra como "qualquer tipo de intervenção humana cíclica permanente para satisfazer as necessidades humanas, quer materiais, quer espirituais, ou ambas, a partir do complexo de recursos naturais e artificiais que, em conjunto, se designam por terra". Em 1920, a escola de ecologia humana de Chicago, ou seja, os modelos de utilização do solo urbano, foi a principal fonte de inspiração. Estes foram desenvolvidos por Burgess (Teoria da Zona Concêntrica), Homer (Teoria dos Sectores), Ullman (Teoria dos Núcleos Múltiplos) e Shevky e Bell (Análise da Área Social). McDonald (1979 e 1990) e McMillen (1996) salientaram que nas cidades policêntricas, como Chicago e Los Angeles, se registou o desenvolvimento de subcentros. Por conseguinte, o padrão de distribuição do valor do solo nestas cidades mudou de mono-cêntrico para policêntrico. O centro da cidade continua a ser a zona onde o valor do solo é mais elevado. No entanto, com o desenvolvimento dos subcentros, registou-se uma alteração no gradiente distância-valor do solo. Os valores dos terrenos nos subcentros aumentam com o aumento da distância ao centro da cidade.

Han e Basuki (2001) analisaram o padrão espacial do valor dos terrenos em Jacarta. Concluíram que, entre as variáveis explicativas da distribuição dos valores dos terrenos, a distância da zona empresarial central é mais importante na formação do padrão do valor dos terrenos em Jacarta, mas o fator explicativo da distância diminuiu ao longo do tempo.

Anderson et al (1976) apresentaram um quadro de classificação nacional da utilização e ocupação do solo para utilização com dados de sensores remotos no seu trabalho intitulado - "A Land use and Land cover classification Systems for use with Remote sensor data".

Os estudos de utilização do solo urbano da cidade de Ahemdabad utilizando dados de deteção remota foram efectuados por Patan etal. (1989). Suresh e Nateshan (2000) cartografaram os locais de aterros sanitários na cidade de Chennai utilizando a técnica GIS. Geeta (2001) cartografou a infraestrutura urbana da cidade de Mumbai.

A poluição da água é definida como a alteração das caraterísticas físicas, químicas e biológicas da água que pode causar efeitos nocivos nos seres humanos, nos animais e nas caraterísticas aquáticas. Também se refere à deterioração das propriedades químicas, físicas e biológicas da água. Trata-se de uma alteração natural e intrusiva da qualidade da água, que a torna imprópria para o homem, as plantas e os animais. Os centros urbanos contribuem com poluentes hídricos através das águas de esgotos, do lixo doméstico e dos efluentes industriais. Estes resíduos são descarregados diretamente nos cursos de água, lagoas, lagos, rios, reservatórios e águas costeiras. A poluição da água é avaliada com base em parâmetros físicos, químicos e biológicos. Os parâmetros físicos são a temperatura, a cor, o odor, a turvação, a condutividade, a densidade, os sedimentos em suspensão e os sólidos dissolvidos. Os parâmetros químicos são os sais solúveis, a dureza da água, a acidez, a alcalinidade, o oxigénio dissolvido, a carência biológica de oxigénio, a carência química de oxigénio e a concentração de iões de hidrogénio, a quantidade de amoníaco, nitrato e nitratos, a quantidade de metais pesados como o mercúrio, o chumbo, o crómio, os cloretos, os pesticidas, os insecticidas e os detergentes.

A poluição sonora pode ser definida como o estado de desconforto e imprudência causado aos seres humanos por sons indesejados de alta intensidade, conhecidos como ruídos. Nas zonas urbanas, as principais fontes de poluição sonora são os automóveis, os aviões, os foguetões, as experiências de defesa, os vendedores ambulantes, os vendedores de fruta e legumes, as brincadeiras das crianças, as eleições, a propaganda religiosa, a programação cultural, as noites musicais, os festivais, os cultos, os anúncios e os altifalantes. As fontes industriais de poluição sonora aumentam a poluição sonora das fábricas. A poluição sonora é medida em decibéis.

Devido à rápida migração da população rural para os centros urbanos em busca de emprego, os bairros de lata estão a desenvolver-se ao longo das margens dos canais, dos fossos dos tanques, das linhas de caminho de ferro, dos tanques parcialmente cheios, dos terrenos do governo, etc. As pessoas migrantes estão a ocupar os terrenos não autorizados e a construir casas temporárias com paus de bambu. Nestas zonas, não existem equipamentos urbanos como iluminação, saneamento, ventilação, drenagem e abastecimento de água. Os pobres urbanos que vivem nestes bairros de lata estão também sujeitos a problemas de saúde. A maior parte das doenças transmitidas pelo ar e pela água têm origem nestas zonas urbanas. Devido ao aumento do número de veículos de duas, três e quatro rodas, o congestionamento urbano está a colocar um grande problema nas principais estradas das cidades, especialmente durante as horas de ponta. O transporte urbano também tem sido um grande problema durante as horas de ponta devido à deslocação das pessoas das residências para os escritórios e vice-versa nas cidades metropolitanas. Do mesmo modo, os habitantes das cidades metropolitanas e das cidades de classe I enfrentam muitos problemas. A procura de habitação e de água é elevada nas zonas urbanas. Na Índia, muito poucos geógrafos fizeram uma tentativa de estudar os problemas ambientais urbanos. Entre eles, Ansted (1928) estudou o problema dos esgotos da cidade de Madras. Ramakrishna (1935) tentou estabelecer uma relação entre o ambiente e as actividades económicas da presidência de Madras. Uma análise geográfica dos bairros de lata nas cidades indianas, com especial referência à cidade de Kanpur, foi estudada por Singh (1966). Concluiu que a migração incessante da população rural para as cidades indianas é responsável pelo crescimento dos bairros de lata.

Swaminathan (1988) apresentou um trabalho sobre a poluição sonora na cidade de Madhurai. Descreveu que na zona central da cidade de Madhurai a poluição sonora é elevada devido à localização da paragem central de autocarros. Karnavar (1988) apresentou um trabalho num seminário nacional sobre aspectos gerais do ambiente urbano - um quadro concetual. Surendra Reddy et al (1988) explicaram os níveis de poluição ambiental na cidade de Secunderabad. Concluíram que a poluição sonora é muito elevada devido à presença de aeronaves na zona de Begumpet. Vijay Bhole (1988) fez uma tentativa de descrever os estudos de perceção da resposta humana aos perigos do ambiente urbano de Hyderabad. Sambasiva Rao (1988) descreveu a paisagem urbana em mudança e os problemas sociais e ambientais emergentes da cidade de Madhurai. Concluiu que a poluição da água é muito elevada em Vaigai devido à descarga de águas do mar no rio.

Raza (1992) apresentou as variações da qualidade do ar e das temperaturas na cidade de Hyderabad. Concluiu que a poluição atmosférica é muito elevada durante as horas de ponta nas principais estradas da cidade de Hyderabad devido à libertação de gases de escape dos automóveis. Shanmuganandam e Sarvanbavan (1992) efectuaram estudos sobre a urbanização e os problemas ambientais das principais cidades de Tamil Nadu. Saitoh e Hoshi (1992) explicaram os aspectos recentes do aquecimento urbano na cidade de Tóquio. Ramachandraiah (1998) efectuou estudos sobre a degradação do ambiente urbano, com especial referência à cidade de Hyderabad. Um estudo sobre a gestão dos resíduos sólidos da cidade de Bubaneswar foi efectuado por Setti etal. (2002).

A procura de habitação e de água é elevada nas zonas urbanas. Na Índia, muito poucos geógrafos fizeram uma tentativa de estudar os problemas ambientais urbanos. Entre eles, Ansted (1928) estudou o problema dos esgotos da cidade de Madras. Ramakrishna (1935) tentou estabelecer uma relação entre o ambiente e as actividades económicas da presidência de Madras. Uma análise geográfica dos bairros de lata nas cidades indianas, com especial referência à cidade de Kanpur, foi estudada por Singh (1966). Concluiu que a migração incessante da população rural para as cidades indianas é responsável pelo crescimento dos bairros de lata. Singh (197 1-72) estudou a poluição atmosférica e os problemas de poluição ambiental da cidade de Ranchi. Munsi (1973) efectuou um estudo sobre a estagnação urbana em pequenas cidades de Bengala Ocidental.

Khathu (1975) estudou os bairros de lata urbanos de Baroda. Chaubey (1975) fez uma tentativa de estudar as doenças patológicas ambientais da cidade de Bhopal. Rao (1978) efectuou um estudo sobre os bairros de lata e os aglomerados populacionais nas cidades indianas, com especial referência à cidade de Ghorakpur. Os problemas relacionados com os bairros de lata foram estudados por Jam (1978) na cidade de Nagpur e por Kayastha (1979) na cidade de Kanpur. Kayastha e Kurnara (1979) fizeram uma tentativa de estudar os problemas e as práticas de eliminação de resíduos sólidos na Índia, com especial referência à cidade de Kanpur. Kumar (1980) tentou estabelecer uma relação entre a poluição ambiental e a saúde humana, com referência à cidade de Kanpur. Karan (1980) efectuou um estudo sobre a sensibilização do público para os problemas ambientais na área metropolitana de Calcutá. Sahu e Tripathi (1981) estudaram os problemas ambientais urbanos e o desenvolvimento da cidade de Calcutá. Desai (1981-82) efectuou estudos de perceção da qualidade ambiental da cidade de Ahemdabad. Concluiu que a qualidade ambiental é muito má para os habitantes dos bairros de lata da cidade de Ahemdabad. Estudos sobre a poluição atmosférica e os riscos para a saúde na cidade de Mumbai foram efectuados por I3laden e Karan (1982). Um estudo ecológico urbano no contexto indiano foi ilustrado por Raju (1982).

Karan (1983) estudou os problemas dos habitantes dos bairros de lata e das imagens de ocupação das cidades nos países em desenvolvimento. Pande e Prasad (1983) estudaram os problemas e as perspectivas do abastecimento urbano de água na cidade de Chotanagpur. Dar (1983) explicou as vantagens do desenvolvimento de cinturas verdes em zonas urbanas. Yadav (1984) descreveu os problemas ambientais e o eco-desenvolvimento da cidade de Meerjapur. Sharif (1984) realizou estudos sobre o abastecimento urbano de água e problemas conexos na cidade de Riyad. Kulkarni (1984) explicou a aglomeração e o bem-estar social em ambientes intra-urbanos. Gowda (1985) estudou os problemas das localizações industriais e as suas implicações na cidade de Mysore.

Nijkam (1985) sublinhou que a educação ambiental é obrigatória enquanto matéria interdisciplinar para compreender os principais problemas ambientais e a sua prevenção. Swarninathan (1988) apresentou um trabalho sobre a poluição sonora da cidade de Madhurai. Descreveu que na zona central da cidade de Madhurai a poluição sonora é elevada devido à localização da paragem central de autocarros. Karnavar (1988) apresentou um trabalho num seminário nacional sobre aspectos gerais do ambiente urbano - um quadro concetual. Surender Reddy etal. (1988) explicaram os níveis de poluição ambiental na cidade de Secundrabad. Concluíram que a poluição sonora é muito elevada devido às aeronaves na zona de Begumpet e arredores. Vijay Bhole (1988) tentou descrever os estudos de perceção da resposta humana aos riscos ambientais urbanos da cidade de Hyderabad. Samba Siva Rao (1988) descreveu a paisagem urbana em mudança e os problemas sociais e ambientais emergentes da cidade de Madhurai. Concluiu que a poluição da água é muito elevada em Vaigai devido à descarga de águas do mar no rio. Padmanabha Rao (1988) efectuou estudos sobre problemas socioambientais em cidades de média dimensão do distrito de Mahaboob nagar. Swamy e Puma Chandra Rao (1988) apresentaram uma descrição pormenorizada dos bairros de lata da cidade de Hyderabad e dos problemas ambientais emergentes.

Raza (1992) apresentou as variações da qualidade do ar e das temperaturas na cidade de Hyderabad. Concluiu que a poluição atmosférica é muito elevada durante as horas de ponta nas principais estradas da cidade de Hyderabad devido à libertação de gases de escape dos automóveis. Shanmuganandam e Sarvanbavan (1992) efectuaram estudos sobre a urbanização e os problemas ambientais das principais cidades de

Tamilnadu. Saitoh e Hoshi (1992) explicaram os aspectos recentes do aquecimento urbano na cidade de Tóquio. Ramachandraiah (1998) efectuou estudos sobre a degradação do ambiente urbano, com especial referência à cidade de Hyderabad. Um estudo sobre a gestão dos resíduos sólidos da cidade de Bubaneswar foi efectuado por Setti etal. (2002).

CAPÍTULO 2

CIDADE DE KADAPA - ORIGEM E EVOLUÇÃO

A cidade de Kadapa, sede do distrito de Kadapa, situa-se no ângulo formado pelos dois ramos das colinas de Palakonds, um dos quais se dirige para norte e se funde com os Lankamalais, enquanto o outro passa para oeste a alguns quilómetros a sul da cidade. Sendo uma cidade importante de Rayalaseema, em Andhra Pradesh, está situada a 8 km a sul do rio Penna e rodeada em três lados pelas colinas de Nallamalla e Palakonda, situando-se na parte centro-sul de Andhra Pradesh. É uma porta de entrada do norte para a colina sagrada "Pagoda" do Templo de Sri Venkateswara da cidade de Tirupati e tem o nome de "Threshold".

Kadapa está situada entre 14° 25' e 14°33' norte e 78°46' e 78°53' leste, com uma altitude média de 138 metros (452 pés). Kadapa tem a forma de um paralelogramo irregular dividido ao meio pela cordilheira dos Ghats Orientais. A cidade estende-se ao longo do "Bugga" ou "Ralla Vanka" numa depressão limitada a sul pelas principais Palakondas, parte dos Ghats Orientais, e a leste por uma faixa das mesmas colinas que se projectam para norte em direção aos Lankamalas, do outro lado do Pennuru.

Origem e evolução

A origem do nome de Cuddapah não pode ser determinada com certeza. No entanto, devido à sua posição no limiar (Gadapa) do desfiladeiro que atravessa o vale de Vontimitta até às colinas sagradas de Tirupati, chama-se Cuddapah.

thNos registos históricos do século XVIII, o nome do local foi escrito como Krupa ou Krupah. A palavra "Kripa" significa "misericórdia" em sânscrito. A aldeia original "Pata Cuddapah" é idêntica a Karige ou Karipe, que aparece no tratado geográfico de Ptolomeu de Alexandria, publicado no século IInd d.C.

História inicial de Cuddapah

A atual cidade de Kadapa foi fundada na última parte do século XVIth . Após a batalha de Talikota, em 1565 d.C., alguns muçulmanos, em busca de novas povoações, penetraram em muitas regiões. Entre eles, um oficial patane do exército de Gold Conda, de nome "Neiknam Khan", estabeleceu-se nesta região, chamando-lhe Neikhambad. Embora nos primeiros anos a aldeia dos novos muçulmanos tenha permanecido isolada devido à desconfiança da população hindu vizinha, o Nawab, determinado a fazer amigos, deu-lhes total liberdade para seguirem os seus próprios costumes religiosos e sociais e convenceu-os a instalarem-se em Neiknamabad. Embora Neikhamabad se tenha tornado popular, a antiga aldeia de Cuddapah atraía um grande número de devotos hindus devido ao seu conhecido templo de Sri Venakteswara. O nome de Cuddapah foi também aplicado à cidade musalaman pelos hindus. Os governantes musalaman aceitaram gradualmente e Neikhambad tornou-se Cuddapah.

A cidade teve, sem dúvida, a sua origem no período antigo. Segundo alguns investigadores, a cidade antiga situava-se provavelmente perto de Patha Cuddapah, a alguns quilómetros a leste da atual cidade e associada ao templo do Senhor Venkateswara. Uma vez que a cidade de Kadapa era um grande centro de filosofia e religião hindu, as primeiras povoações devem ter tido origem nas margens do Buggavanka (rio Penna), perto do templo do Senhor Venkateswara em Patha Cuddapah. A partir daí, a povoação expandiu-se primeiro para oeste, ao longo de alguns metros do Bugga Vanka e, mais tarde, para sudoeste.

A cidade de Cuddapah fez parte do império chola entre os séculos 11th e 15th . No século 13th d.C., foram efectuados levantamentos de terras e foi construído um canal fluvial em Krupa. Posteriormente, as ricas terras de Cuddapah foram muito cultivadas para produzir cereais e algodão.

A cidade de Kadapa fez parte do Império Renatichola entre os séculos 11th e 14th . Tornou-se parte do Império Vijayanagar na última parte do século 14th .

Gandhikota Nayaka, governadores de Vijayanagar, controlaram esta região durante dois séculos. Entre eles, Pemmasani Thimma Nayudu (1422 d.C.) construiu muitos tanques e templos para desenvolver a região. Antes do domínio muçulmano, as inundações corroeram a cidade antiga. Durante o século XVI (th), o imperador mogol Nawab Nabi ficou impressionado com a importância estratégica da confluência e ordenou a construção de um templo perto dela. Foram construídos vários edifícios históricos e instalados amplos jardins. A margem do Penna (canal KC) tornou-se um rio navegável e, obviamente, o local mais favorável para a implantação de aglomerados urbanos. As colinas e florestas circundantes, o canal do rio e a área de planície tornaram-se vantagens adicionais para a povoação. Os factores culturais também desempenharam um papel dominante na origem das cidades. Para além disso, as fortalezas, mesquitas e igrejas estrategicamente localizadas nas Bugga vanks atraíram as comunidades urbanas para crescerem nas suas imediações. Os muçulmanos conquistaram a então Krupa em 1565. Krupa transformou-se numa povoação urbana no século XVIth . No início do século, muitos reis hindus governaram as áreas de Krupa.

A história inicial dos Nawabs de Kadapa, embora não seja clara, diz que o primeiro Abdul Nabi Khan, no século XVIIth , e o grande Abdul Nabi Khan, no início do século XVIIIth , são os únicos nomes conhecidos que governaram Kadapa no início do século XVIIth . Embora o grande Abdul Nabi Khan nunca tenha posto os poligars na ordem, tinha apenas um pequeno controlo sobre os distritos de Sidhout, Cumbum, Gandikota e Gurramkonda. Mais tarde, estes dois distritos tornaram-se locais fortemente fortificados e serviram como postos avançados eficazes do território. Abdul Nabi era um governante esclarecido, bem como um bom soldado. É referido que construiu o tanque de Pata Kadapa, para abastecimento de água, e construiu um anicut através do Bugga Vanka. Embora não exista atualmente, uma vez que foi destruído pelas cheias de 1903, o tanque é agora abastecido por um canal proveniente do canal Kurnool-Cuddapah. Após a morte de Nawab, as zonas da cidade situadas do outro lado do vanka, em frente ao seu antigo palácio, passaram a chamar-se Nabi Kota, o que demonstra o respeito das pessoas por ele.

O antigo forte dos Nawabs, com a sua porta de entrada ladeada por duas torres, encontra-se ainda em bom estado de conservação. No seu interior, encontram-se atualmente a Cadeia, a Floresta Distrital

Gabinetes e, temporariamente, o gabinete de Kamalapuram Taluk.

Em 1564, quatro das potências de Mohamedan - Dowlatabad, Golconda, Beejapoor e Beder - formaram uma confederação e marcharam contra Vijayanaggur. O governante era Rama Rajah, um homem de espírito e poder, que marchou ao encontro dos invasores. Uma batalha decisiva foi travada em Talikota e ele foi derrotado e aprisionado. Depois de ter sido capturado, Rama Rajah apelou a Adil Shah, o general mohomedano, um velho amigo do rei, para que o matasse e o salvasse da desgraça do cativeiro. Adil Shah acedeu e cortou a cabeça de Rama Rajah.

Depois, os maometanos apoderaram-se de Vijayanagar e destruíram-na. Depois, alguns governantes da dinastia Vijayanagar governaram e, mais tarde, a cidade foi destruída por Tippo, sob o domínio do sétimo descendente Timmapa.

Após a queda de Vijayanaggur, os zamindars e poligars que detinham os fortes fronteiriços em regime militar, assumiram a sua independência. Diz-se que dois membros da antiga família Vijayanaggur se estabeleceram, um em Penukonda, não muito longe das fronteiras do Kadiri Taluq, e o outro em Chandragiri, no distrito de North Arcot. A área intermédia, nomeadamente. A atual subdivisão de Cuddapah parece ter sido partilhada pelo chefe Golkonda. A cidade de Kadapa foi entregue a um patan Nawab.

Os descendentes de Vijayanaggar, que vivem do outro lado da fronteira, têm uma forte influência nas tradições do povo, embora tenham pouco poder. Estão rodeados de poligars incómodos, que aguardavam uma oportunidade para iniciar as hostilidades. Em Gurramkonda, os governadores dispunham de poderes consideráveis; o privilégio real mais importante era o direito de cunhar moeda. As rupias de Gurramkonda foram adoptadas em toda a subdivisão. Este poder foi usufruído por alguns dos principais poligars. Um deles é "Him of Ghuttin ou Ghattoo". Gurramkonda estava sob mandato militar e fornecia tropas ao governador.

Durante o período inicial do domínio mohamedan em Gurramkonda, a sua influência parece ter sido benéfica para o país, uma vez que foram construídos vários tanques. Os poligares de Punganoor, Ghattoo, Kokunty, Mallal e Gandikota eram alguns dos poligares importantes da época. Recentemente, Punganoor fazia parte do distrito de Cuddapah. No entanto, durante a reorganização dos distritos cedidos em 1858, foi transferido para North-Arcot. Os poligares de Punganoor e Onikull pertenciam a uma mesma família, eram tributários de Vijanuggur e detinham o Jaghir de Ascottab e Kolar em Mysore, com a condição de fornecerem um contingente militar de 5.000 pessoas. O

Jaghir foi avaliado em 100.000 pagodes de Mamoor Khan. Por volta de 1642, ambos os Jaghirs acima referidos foram tomados pelos Maharattas, provavelmente por Shahjee.

No entanto, em 1713, o nababo de Cuddapah, Abdul Nabbee Khan, parece ter actuado independentemente do Nizam, pois nesse ano invadiu e subjugou Baramahl e, pelo caminho, reduziu o Poligar de Punganoor, obrigando-o a pagar um peiscush de 32.000 pagodes. Em 1755, a propriedade passou para as mãos dos Mahrattas, tendo o poligar sido morto em combate. Após a queda de Vijayanaggur, os rajás de Mysore, que tinham sido tributários desse império, começaram a afirmar a sua própria independência. Alargaram as suas conquistas a todos os lados e avançaram até às fronteiras do atual taluq de Mandanapally e de Bellary, perto das quais detinham o forte de Sera.

thNo início do século XVIII, o Nawab de Cuddapah, Abdul Nabbee Khan, consolidou os distritos de Sidhout, Gandikota, Cumbum, Gurramkonda e Punganoor sob o seu domínio. Conquistou até Bara mahl e, depois de ter feito pesadas requisições ao tesouro de Seringapatnam, retirou-se daqui. O domínio dos nawabs de Cuddapah parece ter-se perdido durante algum tempo até Hyder o destruir e assumir o seu controlo. Os Nawabs que governaram Cuddapah foram: o primeiro Nawab foi Abdool Nabbee Khan. A origem da família remonta provavelmente a 1640 ou 1650, mas antes disso vários chefes terão estado presentes, uma vez que o domínio mahomedano foi estabelecido pouco depois da batalha de Telli Cotta, em 1564.

Embora o nome do segundo Nawab seja desconhecido, o terceiro foi Abdool Nabbee Khan, que tinha deixado de governar antes de 1732, uma inscrição falava do seu filho Mahazid Khan como Nawab. Quando este morreu, deixou um filho bebé, e o cargo de nawab parece ter sido assumido pelo seu irmão Mahasim Kham. Este foi morto em 1751 e sucedeu-lhe o seu sobrinho Abdool Alim Khan, filho do antigo nawab. Este príncipe foi o último da sua raça e foi conquistado por Hyder Ali em 1780.

História de Cuddapah no século passado

thth Durante o final do século XVII e o início do século XVIII, pouco se pode encontrar de interesse histórico relacionado com Cuddapah. Em 1750, ocorreu uma tragédia em que um chefe de Cuddapah assumiu um papel de destaque. Nesse ano,

Nasirjung estava a sitiar Gingee, a moderna Troia da Índia. Apesar de ter apoiado os Naibs de Cuddapah, Kurnool e Savanore, o seu sobrinho Muzaffer Jung disputou a sua sucessão como Nizam. Os franceses apoiaram Muzaffer Jung e capturaram o forte de Gingee. Nasir Jung avançou para o reconquistar e, como Dupliex abandonou o seu aliado, Muzaffar Jung rendeu-se ao seu tio Nasir Jung. Os franceses planearam uma conspiração. Por ocasião de uma incursão a partir do forte, Nasir Jung, passando pelo elefante do Nawab de Cuddapah, saudou o seu vassalo, que foi morto a tiro. Muzaffer Jung tornou-se então Nizam. Por conseguinte, o nawab de Cuddapah desempenhou um papel igualmente notório e desacreditado. No entanto, o nawab de Cuddapah conspirou contra Muzaffer Jung e atacou-o quando este marchava para norte, de Pondicherry para Hyderabad. Foi atacado em Luckireddipally, no Rayachoty Taluq do distrito de Cuddapah, e morto pelo Nawab de Kurnool, apoiante do Nawab de Cudapah.

Em 1757, o distrito de Cuddapah foi invadido pelos Mahrattas, sob o comando de Balvanta Rao. No entanto, a invasão dos maharattas em Cuddapah encorajou Hyder Ali. Esta é a primeira ocasião em que Hyder Ali aparece em armas contra o Nawab de Cuddapah. Hyder adquiriu Gurramnkonda, o que o levou a comandar os portos do distrito de Cuddapah, situado acima dos ghauts. Mais tarde, Hyder derrotou o Nawab de Cuddapah. Após a morte de Hyder, Tippo tornou-se o sucessor. Em 1790, os mahrattas, os nizam e os ingleses juntaram-se pela primeira vez para controlar a arrogância de Tippo. O Nizam conseguiu assumir o controlo de Gurramkonda em 1791. No tratado de 1792 entre Tippoo e Nawab, pelo qual Tippoo cedeu Gurram Konda, juntamente com todas as suas possessões de Cuddapah, ao Nizam.

Em 1799, o distrito de Cuddapah foi transferido pelo Nizam para os ingleses.

Cuddapah sob o domínio britânico

Com a ocupação britânica em 1800 d.C., tornou-se a sede de um dos quatro colectores subordinados ao Major Munro, o coletor principal. O Governo de Madras nomeou o Major Thomas Munro como coletor principal dos distritos cedidos - Cuddapah, Bellary e uma parte de Kurnoool. Era um oficial capaz de instituir a ordem e o bom governo no lugar da anarquia e do roubo. Quase todas as instituições atualmente existentes foram inauguradas por ele. Estabeleceu uma nova ordem de trabalho, funcionários responsáveis pelas receitas, um novo sistema de liquidação das receitas, um novo inquérito, um novo departamento de obras públicas e uma nova polícia.

Após a demissão de Munro e a bifurcação dos distritos cedidos em duas colectorias, Sidhout foi durante oito anos a sede do distrito. Foi abandonada a favor de Cuddapah no ano de 1817. Quatro anos depois, Cuddapah tornou-se um acantonamento e assim permaneceu até 1868. As obras municipais de abastecimento de água foram inauguradas em 1890. Em 1902, o governo conseguiu controlar a malária, impondo restrições ao cultivo de arroz dentro dos limites da cidade. Como centro comercial, Cuddapah só fica atrás de Proddatur. A maior parte do comércio dos taluks de Badvel, Sidhout, Pulivendla e Rayachoti passa por Cuddapah, e a sua situação na linha principal para Bombaim facilita a exportação dos seus produtos mais peculiares, como o melão e a curcuma, para todas as partes da Índia.

Em 1 de outubro de 1910, o taluk de Kadiri foi transferido para Anantapur. Em 1 de abril de 1911, os taluks de Madanapalle e Vayalpad foram também separados de Cuddapah, passando a fazer parte do distrito de Chittoor. Em 1911, o taluk de Kamalapuram foi novamente constituído com 64 aldeias retiradas dos taluks de Cuddapah e Proddatur. Em 1914, dezasseis aldeias, que se estendiam de Idupulapaya a Gotlamitta, incluindo Surabhu, foram transformadas de Pulivendala em Rayachoti. O taluk de Kamalapuram foi novamente abolido como medida de contenção em 1st de julho de 1932. Cinquenta e três das suas aldeias foram constituídas no subtaluk dependente de Kamalapuram e anexadas ao taluk de Cuddapah, enquanto as restantes foram transferidas para Proddatur. Kamalapuram fundiu-se novamente em 1939 como um subtaluk independente com todas as suas antigas aldeias. As eleições realizadas em 1923-24 e 1926-27 para o Conselho Municipal de Cudapah foram muito disputadas. K. Ramasubbamma foi a primeira mulher nomeada para o conselho de Cudapah em 1929-30. A força do conselho de Cuddapah foi aumentada para 20 em 1931, ao abrigo das disposições transitórias da Lei dos Municípios Distritais (Alteração) de 1930. O número de lugares reservados às comunidades minoritárias no conselho dos municípios de Cuddapah e Proddatur era de 4 e 5, respetivamente. Cuddapah estava dividida em 16 bairros e Proddatur em 15.

Evolução de Kadapa após a independência

Em 1952-53, o número de conselhos aumentou para 24, com 3 lugares reservados em Cuddapah - 1 para as castas registadas e 2 para as mulheres. Em 1952-53, o número de alas nos municípios de Cuddapah aumentou para 21, respetivamente. O município de Cuddapah foi elevado de grau III para grau II em 1953 e para grau I em 1958. A quilometragem das estradas mantidas pelo município de Cuddapah era de 25 ½ (40,8 km) em 1884, 22 ½ (36 km) em 1920 e 53,35 km em 1963-64. O município tinha o seu agente sanitário desde 1927 e o seu engenheiro desde 1942. A empresa de abastecimento elétrico de Cuddapah concluiu a eletrificação da cidade em 1937. Mais tarde, o governo assumiu o controlo em 1948. O hospital alopático foi criado provisoriamente em 1918. O município mantinha um registo de nascimentos e óbitos e algum pessoal sanitário e de vacinação. O município de Cuddapah também forneceu, a partir de 1890, abastecimento de água protegido a partir da ribeira de Bugga e, posteriormente, de Penneru. A cidade dispõe de mais de 273 torneiras públicas e 843 ligações domésticas.

As relíquias mais proeminentes do domínio dos Nawabs de Cuddapah ainda existem na cidade: duas torres que faziam parte da casa dos Nawabs. A mesquita Masjid-e-Azam situa-se perto do forte. Uma inscrição persa na mesquita, referente ao reinado de Aurangazeb, regista que esta foi construída pelo imperador em 1691 d.C. Existem também túmulos de Huijrah, nas margens do Bugga, alguns túmulos das famílias dos Nawabs de Cuddapah.

Outro marco histórico é a Dargah de Syed Shah Mohammad Hussain de Cudapah Nawabs que morreu em 18th século. Esta dargah, popularmente designada por Chand Phira Guribadh. Os paramentos do edifício contêm alguns bons painéis de arabescos em gesso. De acordo com a inscrição sobre a entrada do Gumbadh, o santo morreu em 1744 d.C. e o Gumbadh foi construído em 1746 d.C. Havia outras mesquitas e dargahs como Hazard Hussaini na estrada de Ameenpir e Hazrat Shah Mir na margem esquerda do Bugga dentro dos limites da aldeia de Akkaya palle.

Existem três igrejas na cidade. A antiga igreja da Missão de Londres, construída em 1824, perto do Hospital da Sede do Distrito, a igreja angliana e uma igreja católica. Existe também uma outra igreja em Mariapuram, dentro dos limites de Akkayapalle.

Existem vários templos como o templo Anjaneya, um templo Siva, um templo Kanyaka Parameswari e um templo Jain Svetambara na rua Bahadur Khan Masjid.

O município de Kadapa tem um limite de 2,64 milhas quadradas, com um limite de receitas de Guduru, Cuddapah, Nagaraju peta, Chitanachauka, Chemmumiyyapeta e Viswanadhapuram. A parte mais movimentada da cidade de Kadapa é o cruzamento de sete estradas, a partir do qual se ramificam estradas para o bazar principal, para Chennur, para a estação ferroviária e para as outras partes da cidade. Tem um grande número de instituições educativas e afins, como o Colégio de Artes do Governo, a Escola Secundária Superior Sri Ramakrishna, a Escola Secundária Municipal Muçulmana, a Escola Secundária Sarada Nilayam, a Escola Governamental para Cegos e a Escola Secundária de S. José em Mariapuram.

A cidade de Cuddapah foi ligada pela primeira vez aos caminhos-de-ferro em 1865 e permanentemente dotada de instalações telegráficas em 1884. Foi electrificada em 1937 com uma central a diesel e ligada à rede hidroelétrica de Tungabhadra em 1957. A central telefónica da cidade foi inaugurada em 1951. A quilometragem total das estradas dentro dos limites do município é de cerca de 53,34 km.

A cidade de Cuddapah tem um dos mercados mais importantes de curcuma, cebola, melão e barita. A cidade tem um grande volume de comércio de folhas de bétel, citrinos, plátanos, casca de curtume, amendoim e arroz. No entanto, em termos gerais, a cidade ocupa o segundo lugar no distrito, a seguir à cidade de Proddatur, como centro comercial. A caraterística distintiva da atividade industrial da cidade é a pulverização de barita e o polimento ou pulverização de açafrão-da-terra. A cidade tem também um número bastante elevado de unidades de reparação de automóveis. A zona industrial, que cobre uma área superior a 20 hectares, está situada perto da estação ferroviária.

Acredita-se que Yogi Vemana, um famoso poeta telugu oriundo de Kadapa e autor de 4000 poemas, tenha vivido na zona de Gandikota. No interior do forte existem muitas estruturas, nomeadamente um Jamia Masjid com dois minaretes, dois templos antigos de

Madhavaraya e Raghunatha e um grande celeiro com um teto abobadado. O Amen Peer Durgah (Complexo Asthana-e-Magdoom Ilahi Dargah) (Badi Dargah, Pedda Dargah) em Kadapa é um exemplo da harmonia comunitária pregada por grandes santos e sábios nos tempos antigos.

C.P. Brown foi coletor distrital de Kadapa durante o domínio britânico e é bem conhecido pelos seus trabalhos sobre a literatura telugu. Sendo ocidental, esforçou-se muito pelo seu amor à língua telugu. Atualmente, existe uma biblioteca em memória de C. P. Brown, "Brown Grandhalayam", pelos seus trabalhos em prol da literatura telugu.

Os contactos entre Cuddapah e as aldeias aumentaram, porque Cuddapah se tornou um centro nevrálgico de comércio, trocas comerciais, administração, classes inteiras, tribunais, actividades literárias e autoridade religiosa para as pessoas das zonas rurais. Ao mesmo tempo, as redes de transporte criadas pelos caminhos-de-ferro e pelos autocarros facilitaram as viagens e aumentaram o interesse contínuo entre Cuddapah e o seu interior. A estação de Kadapa está situada na secção Renigunta Guntakal da divisão Guntakal da South Central Railway. Tem três comboios diários para Hyderabad, Tirupati, Hyderabad Rayalaseema Express, Chittoor - Kachiguda Venkatadri Express, Chennai Egmore Express, Rameswaram - Okha Express para Hyderabad. Kadapa tem uma estação ferroviária na linha Chennai - Tirupati - Pune - Mumbai. Os aeroportos mais próximos situam-se em Renigunta e Chennai. Madhavaram é famosa pelos sarees de algodão e situa-se a 18 kms de Kadapa em direção à estrada de Tirupati.

O ecossistema de Cuddapah apresenta, assim, uma imagem de maior complexidade e de um forte fluxo de bens e serviços que entram nela a partir do interior e saem dela para a aldeia vizinha, para cidades distantes e para cidades longínquas como Chennai, Mumbai e Hyderabad.

As evidências arqueológicas sugerem que uma grande civilização floresceu na região desde o século 4th a.C.

Evolução morfológica de Kadapa Fase - I

A evolução morfológica de Kadapa divide-se em quatro fases. Heisun Isang, um viajante chinês, viajou em 7th século AD. No século 13th d.C., foram efectuados levantamentos de terras e foi construído um canal fluvial em Krupa. Devido a este facto, cultivavam-se cereais e algodão nas ricas terras de Cuddapah. Na aldeia de Devuni Cuddapah, foi construída uma povoação para os hindus prestarem os seus serviços diários a Deus.

Entre 1710 e 1738, Abdul Nabi governou Cuddapah e construiu um tanque de água em Patha Kadapa. Mas, devido a grandes inundações, Patha Kadapa ficou destruída e ele construiu um novo tanque de água nesta zona. A rua circundante foi baptizada de rua Nabi Kota. A maior parte das ruas tem o nome dos seus filhos ou filhas.

Kadapa é bem conhecida pelas suas actividades religiosas, as mesquitas antigas e tradicionais acrescentam espiritualidade e beleza à cidade de Cuddapah. O famoso Fort Masjid foi construído há cerca de 400 anos. Embora a evolução seja tradicional e antiga, a cidade foi alargada por Neknam Khan, o comandante de Qutub Shahi, que lhe deu o nome de Neknamabad. Embora tenha sido utilizada durante algum tempo, caiu lentamente em desuso.

Durante este período, foram construídas muitas durgas por diferentes governantes. A durga de Syed Shah Mohammed Hussain era uma das famosas durgas situadas no centro da cidade de Kadapa. Nesta fase, foram também construídas mais seis durgas. São elas Hazarath Khwaja Syed Shah Peerulluah Mohammed Hussain; Chisti-ul-Khadari, Hazarath Khwaja Syed Shah Arifulluah Mohammed Hussaini Chisti-ul-Khadari, Hazarath Khwaja Syed Shah Aarifulluah Mohammed Hussaini Chisti-ul-Khadari, Hazrath Amin Pir Saab Dargah Complex, Hazrath Amin Pir Saab Dargah Compelx, Hazrath Shah Mir Saab Dargah, Hazrath Alki Murad Saab Durgas. Para além das durgas, muitos templos e igrejas foram também construídos por diferentes povos em vários períodos de tempo.

O comércio centra-se em torno de sete ruas, que eram ocupadas pelos comerciantes. As casas aqui têm uma estrutura peculiar, são estreitas e compridas, com uma sala à frente para as suas lojas. Nas margens do Bugga Vanka para o canal KC ou para o canal Penna, alguns dos comerciantes estabeleceram as suas residências e empresas em Ravindra Nagar. Isto mostra que as pessoas se instalaram gradualmente nas zonas dos tanques e das lagoas. Em todos os lados dos tanques, a norte, sul, leste e oeste, foram construídas casas, o que resultou num crescimento em direção a sul e a leste.

O padrão de uso do solo mostra que as áreas foram usadas como residenciais, comerciais e institucionais. As sete ruas em que o fluxo populacional era elevado eram as principais áreas comerciais. Os bairros foram criados de acordo com a distribuição da população por profissões e grupos de castas. A segunda zona era ocupada pelos brâmanes e os comerciantes e karnams ocupavam as zonas seguintes.

Evolução morfológica de Kadapa Fase - II

A cidade de Kadapa é a sede do distrito, devido ao facto de muitos serviços públicos terem sido estabelecidos na cidade. Muitos funcionários e burocratas como o Coletor Distrital, o Superintendente da Polícia e o Magistrado Distrital residem na cidade. Há muitas ruas e estradas importantes, como a Bungalow road, a Zilla Collector office road, a post office lane, a patha taluka katcheri veedhi, a path post office veedhi, a municipal quarters, a electricity nagar, a RTC bus stand road, a hospital road, a commissioner bungalow road, a Z.P. guest house, a post office lane, etc. medida que a população começou a aumentar, verificou-se uma mudança significativa no twon de Cuddapah. Muitas zonas foram alargadas, o que conduziu à estrada de Pathakadapa, à estrada de Pulivendula, à estrada de Madras, à estrada de Gandhi, à estrada de Bypass, à estrada de Tirupati e à estrada da paragem de autocarros. A maioria destas zonas tinha menos casas de habitação e mais centros comerciais. medida que o comércio se desenvolvia, as pessoas das aldeias vizinhas vinham instalar-se para ganhar a vida, o que levou a um enorme crescimento da cidade de Cuddapah.

A cidade tornou-se também um centro de administração e muitas pessoas vieram instalar-se e estabeleceram casas de habitação para viverem. A mudança de autoridade na administração acrescentou um carácter adicional à cidade e teve um grande impacto no padrão físico da cidade. Com o passar do tempo, também se registaram mudanças visíveis nos nomes das ruas. A modernização teve um impacto nas pessoas, tanto na vida pessoal como social. As pessoas começaram a criar bairros, ruas, colónias, edifícios e tudo isto mostra os desenvolvimentos modernos que estão rapidamente integrados na vida das pessoas.

A maioria das pessoas instalou-se à volta do templo. Muitas pessoas ocuparam zonas como a rua Kanyakapaameswari Devi, a colónia Durganagar, o complexo Durga nagar, a colónia Durga nagar, a colónia Ram nagar, a colónia Sriram, a colónia Srinagar, a colónia New Sai nagar e outras.

Muitas estradas ligavam a cidade às aldeias circundantes, ou seja, Chinnachowk, Chenumiapeta, Akkayapalli, Pullampalle, Somagaripalli, Narayanreddy Palli, Viswanadha Puram, etc. As estradas vão de leste a oeste e muitas casas foram construídas pelas pessoas ao longo das estradas. Estas estradas eram ocupadas por pessoas de diferentes comunidades. Para além das ruas e estradas acima mencionadas, foram também construídos muitos locais residenciais como a colónia Ambedkar, Gandhi Nagar, Gandhi Road, Nehru Veedhi, Nethaji Ropad, Prakasam Road, Rajiv Gandhi Road, Sanjaiv Gandhi Colony, Vivekananda Colony, Kadapa Koti Reddy Street, Kasturi Bai Street, Kamala Bai Street, Y.S. Raja Reddy Street.

A população total da cidade era de 22 602 habitantes em 1931 e em 1941 era de 28 246. Este baixo crescimento estagnou a população de Kadapa. A população média aumentou em mil por década e uma média de cem por ano levou a um desenvolvimento físico nulo da cidade.

Devido à industrialização e à urbanização, as pessoas das aldeias vizinhas migraram para a cidade de Kadapa em busca de oportunidades de emprego. Estas pessoas trabalharam como trabalhadores diários, trabalhadores da construção civil e noutras actividades não agrícolas. Esta situação levou à criação de uma paragem de autocarros municipal, à construção de templos, igrejas e mesquitas. Uma vez que estas instalações foram desenvolvidas maioritariamente na parte sul da cidade, é óbvio que este facto resultou no crescimento da zona sul da cidade. Para além disso, foram criados muitos complexos comerciais e não comerciais e empresas relacionadas com a hotelaria. Além disso, devido a estas instalações, foram criados bairros residenciais na zona da paragem de autocarros e à sua volta.

As caraterísticas físicas da cidade tiveram o seu impacto no crescimento da cidade. Como já foi referido, existiam vários tanques e lagos. No entanto, devido ao elevado crescimento da população da cidade de Kadapa, estes tanques restringiram, de facto, a extensão das zonas residenciais. Estes tanques estavam ocupados, restringindo o abastecimento de água à cidade, uma vez que são as principais fontes de abastecimento de água. Assim, para fornecer água adequada às necessidades crescentes da população, o município construiu o tanque Patha Devuni Cuddapah, o canal K.C., etc. Isto resultou numa escassez de água subterrânea devido ao declínio do lençol freático. Para resolver este problema, o município criou um conjunto de tanques a norte, leste, sul e oeste da cidade para recolher a água através desta rede. A disponibilidade de água tornou-se uma das principais razões para o crescimento da cidade. Gradualmente, as pessoas foram-se instalando sobretudo nas zonas próximas dos tanques ou lagos em todos os lados (norte, sul, este e oeste). Muitas localidades residenciais foram construídas em todas as áreas dos tanques ou lagoas, resultando no crescimento geral em direção a sul e a leste.

Como resultado de todos estes desenvolvimentos, foram criados muitos estabelecimentos de ensino nos arredores da cidade. Devido ao estabelecimento da estação ferroviária, da paragem de autocarros municipal e de grandes escritórios, o desenvolvimento comercial estendeu-se à cidade. As zonas comerciais, como as antigas três estradas, sete estradas, pedda bazaar e china Bazaar Street, são as principais zonas de movimento da população, uma vez que servem as necessidades da população.

Para além das instituições de ensino, nesta fase, foram também construídos muitos templos, seguidos de Mandapams, Choultries, etc. Tudo isto resultou no estabelecimento de zonas residenciais em todas as direcções da cidade, preenchendo a lacuna entre as instalações na periferia, as instituições de ensino, os hospitais, que foram estabelecidos a nordeste da cidade. Por este facto, a tipologia da estrutura das casas mudou. O desenvolvimento foi aleatório nesta fase, em comparação com o desenvolvimento planeado nas fases anteriores. O crescimento da população teve o seu impacto nas instalações habitacionais da cidade. A Câmara Municipal criou novos regulamentos de construção para proporcionar instalações e adequação às pessoas, o que resultou na transformação residencial da cidade. Devido à crescente procura, estes regulamentos não foram seguidos pelas pessoas, pelo que as casas eram muito compactas, com pouca luz e ventilação. Como já foi referido, as lagoas e os tanques também restringiam a expansão das estruturas residenciais da cidade. O padrão residencial mudou das tradicionais casas rectangulares longas para lotes e apartamentos, o que resultou em congestionamento e sobrelotação.

Evolução morfológica de Kadapa Fase - III

Durante esta fase, as autoridades tomaram decisões importantes relativamente ao desenvolvimento da cidade. O resultado foi um enorme aumento da população e o desenvolvimento físico da cidade foi alterado em grande medida. Quando as instalações disponíveis na cidade aumentaram, a população também aumentou. A disponibilidade de oportunidades de emprego e as instalações disponíveis para a população emigrada expandiram ainda mais a cidade de Kadapa. O governo também fez esforços suficientes para fornecer instalações para satisfazer as necessidades da população, o que resultou num aumento da atividade económica. Tudo isto fez aumentar a criação de emprego e pessoas de diferentes partes do país, do estado e do distrito mudaram-se para a cidade de Kadapa devido às oportunidades de emprego disponíveis.

A zona industrial foi criada nos arredores da cidade em 1946, no âmbito do programa de desenvolvimento das zonas atrasadas, perto do Colégio de Artes do Governo. Os governos central e estatal tentaram desenvolver as zonas atrasadas através de incentivos. A linha de caminho de ferro de bitola larga, com boas ligações entre Cuddapah e Chennai e Mumbai, atraiu de facto muitas indústrias para esta zona e criou mais oportunidades de emprego para a população. Durante esta fase, foram criados muitos hospitais na cidade, a sul e a norte, o que levou ao desenvolvimento da cidade em todas as direcções. Todos estes factores contribuíram para o rápido crescimento da população da cidade de Cuddapah.

Nesta fase, verificou-se um rápido desenvolvimento residencial em todas as direcções da cidade. O governo construiu uma colónia de ONGs para os seus funcionários e o estabelecimento de bairros residenciais impulsionou o crescimento da cidade para sul. A isto juntou-se a criação de serviços como o Hospital Geral do Governo, que impulsionou o crescimento da cidade. Devido à facilidade de acesso, os empregados dos estabelecimentos públicos instalaram-se mais perto dos seus escritórios. O aumento da população e a construção de vários edifícios de apartamentos contribuíram para o crescimento da cidade em direção a sul. Devido à melhoria das instalações e das oportunidades de emprego, a migração também aumentou na cidade. Este súbito afluxo de população resultou, de facto, no aumento da procura de habitação, o que acabou por conduzir ao boom imobiliário. Foram vendidos mais lotes a preços mais elevados e, na ausência de outras oportunidades, as pessoas foram obrigadas a comprar esses lotes e a construir casas com o máximo de espaço. Devido a este preço elevado e à falta de um controlo adequado, verificou-se uma invasão. O município, apesar das regras e regulamentos em vigor, não foi capaz de fazer nada, uma vez que os líderes locais e os políticos estavam envolvidos. Esta situação conduziu ao congestionamento, à sobrelotação e a problemas de trânsito. A autarquia procurou então regular o crescimento da invasão em certas zonas, elaborando um plano de planeamento urbano (TP). Assim, é possível observar algum desenvolvimento planeado em determinadas zonas.

Para satisfazer as necessidades da população em crescimento, foram criadas empresas comerciais nas proximidades de certos pontos de transição, como as sete estradas e as paragens de autocarros municipais. Nestas zonas e nas suas imediações, foram criados outros tipos de actividades comerciais, como hotéis, restaurantes e cantinas de estudantes. Embora existam estabelecimentos comerciais antigos em certas zonas, como Madras Road, Railway Station Road, Collector Bunglow area, Pedda Bazar Street e uma zona da polícia municipal, muitos empreendimentos comerciais de média dimensão foram também espalhados pelas diferentes partes da cidade.

Para além da atividade comercial, foram também criadas em grande escala instituições de ensino, como o Centro de Educação da Universidade de S.V., que não existe atualmente, e outras faculdades privadas e empresariais de todas as disciplinas. O governo de Andhra Pradesh atribuiu terrenos a norte e a sul da cidade para a criação destas instituições, pelo que estas se concentraram sobretudo nestas duas direcções. O centro regional e a paragem de autocarros da APSRTC foram também criados para satisfazer as necessidades dos passageiros e das comunicações. Tudo isto alterou, de facto, a estrutura física da cidade.

Avaliação morfológica de Kadapa fase - IV

Após a independência da Índia, em 1947, as mudanças são visíveis em todas as esferas, assim como em Cuddapah. A cidade de Cuddapah tornou-se mais urbanizada em termos de comércio, indústria, administração, educação, transportes e comunicações, construção de casas, política e outras esferas da atividade humana. O estabelecimento de áreas residenciais, escritórios governamentais e instituições públicas e privadas trouxe novas fases de desenvolvimento e melhorou a subsistência da população. As pessoas das aldeias vizinhas, da região e do Estado começaram a deslocar-se para Cuddapah, uma vez que a ecologia da cidade estava mais ligada a esses locais.

O desenvolvimento económico devido à industrialização e à urbanização levou as pessoas das aldeias vizinhas a deslocarem-se para a cidade de Cuddapah. A cidade proporcionou oportunidades de emprego a muitas pessoas. Muitos mudaram-se para Cuddapah como operários, trabalhadores da construção civil e assalariados diários na estação ferroviária, na paragem de autocarros, em vários edifícios de escritórios e em instituições de ensino. Dado que as instalações se situavam mais a sul da cidade, o crescimento da cidade também foi mais visível nesta zona e, obviamente, havia mais actividades comerciais e não comerciais, o que também levou ao estabelecimento de mais apartamentos e bairros residenciais. Os marcos importantes estabelecidos foram o cruzamento de sete estradas, o círculo NTR, Rajiv Marg, o círculo Kotireddy, os terrenos municipais, o escritório ZP e o círculo ITI. Para comodidade das pessoas

três paragens de autocarro, a nova paragem de autocarro A.P.S.R.T.C., a antiga paragem de autocarro A.P.S.R.T.C. e

A paragem de autocarro de Chennur também foi desenvolvida.

O Governo do Estado está também a envidar esforços para desenvolver a cidade, proporcionando facilidades e incentivos a várias instituições industriais e educativas para que estabeleçam os seus centros nesta parte do Estado. Foram atribuídos terrenos e fornecidas instalações de eletricidade e água. Para além disso, a linha ferroviária de bitola larga e as instalações de comunicação também desempenharam um papel no desenvolvimento da cidade.

O governo também fez esforços para desenvolver os pontos turísticos desta cidade, como Majid-E-Azam, Museu do Governo Bhagavan Mahavir, Chand Phira Gumbagh, Forte Gandikota, Kandi Mallayapalli, Brahmamgarimatam, Templos Pushpagiri, Templos Tallapaka, Santuário de Vida Selvagem Sri Lanka Malleswar, Santuário de Vida Selvagem Sri Venkateswara, Templo Sri Kodanda Ramaswamy, etc. Os missionários que aí se encontram atraem também um grande número de turistas estrangeiros. A APSRTC oferece facilidades e bilhetes com desconto para visitar estes locais a partir de outras partes do Estado. Especialmente durante as férias de verão e nos dias festivos, a APSRTC oferece muitas facilidades para atrair os turistas.

A evolução do turismo está também ligada ao sector da hotelaria. Com o aumento do turismo, a procura da indústria hoteleira e o desempenho e a qualidade dos serviços prestados também melhoraram, proporcionando aos turistas uma estadia confortável durante as visitas.

As principais línguas faladas são o telugu e o urdu. No entanto, o inglês é utilizado como língua oficial nos escritórios e nos estabelecimentos de ensino. A cidade de Kadapa é também famosa pelas rivalidades entre facções políticas e intra-políticas. A situação piorou e tornou-se notória em tempos anteriores, mas agora as coisas melhoraram muito. Uma das questões interessantes da cidade de Kadapa ou do distrito é a emigração para outros países, especialmente para o Golfo. Os menos instruídos vão frequentemente para os países do Golfo Pérsico, como o Kuwait e a Arábia Saudita, em busca de emprego.

Não só as indústrias se desenvolveram, mas também as instituições de ensino. Foram criados muitos estabelecimentos de ensino, especialmente nos arredores da cidade, o que, como já foi referido, levou ao crescimento da cidade nessa direção. Os estabelecimentos de ensino desenvolvidos ofereciam diferentes disciplinas para estudar, como artes, matemática, enfermagem, direito, arquitetura e engenharia. Isto deu uma grande oportunidade aos estudantes de desenvolverem a sua carreira. Foram criadas muitas escolas, tanto públicas como privadas. Foram criados na cidade muitos colégios, tais como colégios de formação, colégios de licenciatura, colégios de engenharia, colégios de administração de empresas, colégios de enfermagem, colégios de administração de empresas, colégios de enfermagem, politécnicos e ITS. Este facto deu origem a mais estabelecimentos de áreas residenciais.

O governo de Andhra Pradesh conseguiu criar uma nova universidade reconhecida pela UGC, denominada Sri Yogi Vemana University, na cidade. O Governo do Estado criou também uma unidade de saúde com vários milhões de euros, denominada Rajiv Gandhi Institute of Medical Sciences (RIMS), em Kadapa, com um hospital de especialidade com 750 camas, uma faculdade de medicina com 150 alunos e uma faculdade de enfermagem com 100 alunos. Tudo isto com o objetivo de satisfazer as necessidades e melhorar as condições de saúde da zona atrasada e propensa à seca da região de Rayalaseema. O hospital está planeado perto das colinas de Palakonda, numa área de 182,25 acres. Está igualmente prevista a instalação de um heliporto permanente no hospital para transportar os doentes em caso de emergência para Hyderabad ou para qualquer cidade metropolitana do país.

A fim de eliminar a opinião das pessoas sobre Kadapa como um distrito de fação, o governo está a incentivar a Kadapastsava no distrito. Esta é uma das maiores celebrações em Kadapa. Os cinemas e os meios de comunicação social retrataram desnecessariamente Kadapa como um local rude e notório. Assim, para mostrar às pessoas de diferentes regiões as tradições e a cultura de Kadapa, este Kadapostavalu será realizado todos os anos. Começou em 2003. Os festejos duram 5 dias e contam com a participação de pessoas de diferentes departamentos e esferas. Personalidades famosas e celebridades serão convidadas para este festival. Serão organizadas várias actividades culturais, com especial destaque para a música tradicional, as danças, a arte popular e vários programas de entretenimento em diferentes locais de Kadapa. Serão criadas muitas lojas e bancas, principalmente de produtos que estavam disponíveis nesta parte da cidade. As bancas de artesanato e de vestuário de algodão específicas deste distrito também estarão presentes. Milhares de pessoas de diferentes partes do distrito e do Estado visitam

Kadapa durante as Kadapostavas. Estas celebrações serão objeto de destaque nos meios de comunicação social. Assim, os esforços para eliminar a má opinião sobre o distrito podem ser reduzidos. Relativamente à topografia, Kadapa tem 24% de solos negros, 19% de solos negros, 4% de solos arenosos e 255 de solos vermelhos. Os solos negros de carson são mais férteis e as culturas especiais que são cultivadas são a "Korra", a laranja, a lima e as folhas de bétel. Estas culturas são cultivadas perto dos leitos dos rios.

O canal Cuddapah - Kurnool (K.C.), iniciado na barragem de Sunkesula e no rio Tungabadra, atravessa o distrito de Cuddapah e Kurnool, fornecendo água a 40 km2 de terras cultiváveis. A principal fonte de água para este distrito é Galer - Nagari, Sujala Sravanthi Canal. As principais culturas produzidas são o painço, o arroz, as leguminosas, as sementes oleaginosas, o algodão e o índigo. O algodão e o índigo são exportados para outras partes do país. Existem várias fábricas a vapor que prensam o algodão e o índigo em cubas. Estes produtos são transportados para diferentes partes do Estado e do país através dos caminhos-de-ferro do Sul da Índia.

O governo também planeou o aeroporto e sancionou 50 milhões de rúpias para estradas e pontes rodoviárias.

O Shilparam está também a ser construído perto do Rajiv Gandhi Institute of Medical Sciences (RIMS) nas zonas suburbanas da cidade de Kadapa. Outras estruturas, como o Estádio de Críquete Y.S. Raja Reddy, a ITSEZ, a Cidade de Singapura do Conselho de Habitação e a Escola de Desporto, estão também planeadas nesta região. A estrada circular que liga a NH 18 à autoestrada estatal também está planeada para esta zona, o que melhoraria a conetividade do local com a região. O sítio foi esculpido nos 19,50 acres de Shilparaman, que se situa na aldeia de Putlam palli, nos arredores da cidade de Kadapa. Atualmente, o local está situado no Gram panchayat, nas imediações da próxima estrada de circunvalação. Rodeado por instituições futuras, um bairro residencial de topo e um parque informático.

A Andhra Pradesh Tourism Development Corporation (APTDC) abriu um hotel no ano de 2008, que terá uma ocupação de 100% durante todo o tempo. As salas de conferência deste hotel são utilizadas para organizar reuniões e eventos por empresas e instituições. Atualmente, este é o único salão da cidade com todas as comodidades.

A cidade é também rica em riqueza mineral. O inquérito geológico da Índia, de 1983, declarou que a cidade possui 30 lakh toneladas de chumbo, 740 lakh toneladas de barita e 27000 toneladas de depósitos de amianto. Mangampet é uma fonte rica de barita e estima-se que esta cidade em particular possa ter cerca de 700 lakh toneladas. A cidade de Rajampet é famosa pelos seus depósitos de argila, que são utilizados em utensílios de pedra. Yerraguntla possui calcário em abundância e a M/s Coramandal Fertilizers estabeleceu uma fábrica de cimento com uma produção anual de 10 lakh toneladas. Em Brahman palli, a National Mineral Development Corporation tem vindo a extrair amianto e barities em Mangampet. A pedra de Cuddapah, que é utilizada na construção de casas, também está disponível na cidade de Kadapa. Esta pedra é também utilizada em lajes e pavimentos, especialmente no Sul da Índia.

A Bharathi Cement Corporation aumentou a sua capacidade para 10 lakh toneladas. Foi igualmente planeada uma fábrica de aço da Brahmani steels no círculo eleitoral de Jammalamadugu até 2017, com um investimento de 25 000 milhões de rupias e uma capacidade instalada de 10 milhões de toneladas. Esta fábrica servirá a cidade e o Estado, proporcionando emprego a 25 000 pessoas diretamente e, indiretamente, a dois milhões de pessoas nesta área.

A cobertura florestal estendeu-se até 5 050 km^2 . 32,87% da área do distrito está coberta por florestas. É mencionado nos escritos históricos que os elefantes necessários para o exército de Golconda foram fornecidos a partir desta área. A precipitação é bastante normal. É também uma fonte rica de sândalo vermelho. Para proteger e preservar os animais selvagens, foi criado um parque nacional nas colinas de Simhachalam. A única indústria de papel do distrito tem um investimento de capital de 227 milhões de rúpias e emprega 181 pessoas. Existem também muitas indústrias relacionadas com a riqueza mineral e instrumentos eléctricos. Muitas indústrias relacionadas com a riqueza mineral e instrumentos eléctricos como a Zuari cements, India cements Ltd, Chorus India Ltd, etc.

Potencial de crescimento Kadapa

Kadapa possui uma abundância de riquezas minerais. Estes minerais são necessários a muitas indústrias para o desenvolvimento económico da região e do Estado. A localização de Kadapa também contribui para o seu crescimento, uma vez que esta região se situa entre as três capitais do Sul da Índia, Hyderabad, Bangalore e Chennai. Por conseguinte, o governo também está a dar mais ênfase ao desenvolvimento desta região, incentivando e apoiando os investimentos efectuados por várias indústrias.

O governo de Andhra Pradesh planeou muitos projectos de desenvolvimento como:

> Estabelecimento de um porto aéreo internacional próximo da siderurgia.

> Uma mega-siderurgia perto de Kada (Gandikota) em 10 600 acres pela Brahmani Industries Limited com um investimento superior a 20000 milhões de rupias.

> O grupo Jindal, o grupo Zuari e a Raghuram Cements estão a planear muitas novas fábricas de cimento.

> Criação de uma mega zona industrial na região de Kadapa com 4000 acres de terreno pela Andhra Pradesh Industrial Infrastructure Corporation Ltd (APIIC).

> Desenvolvimento de um parque têxtil, de um parque de vestuário e de uma ZEE biotecnológica.

> Planeamento de um parque informático em Kadapa.

> Planeamento do desenvolvimento do ecoturismo em grande escala na região de Kadapa pelo Departamento de Turismo.

Tudo isto resultará num crescimento vasto e rápido de Kadapa. No entanto, para satisfazer as necessidades da população em crescimento e as suas necessidades, o governo está também a envidar esforços para regularizar o crescimento e proporcionar oportunidades de educação e emprego às gerações mais jovens.

RESUMO

A história de Kadapa mostra que foi governada por Cholas e Kakatiyas entre os séculos XI e XIV. Mais tarde, os governantes de Vijayanagara estabeleceram a sua própria identidade e governaram durante muitas décadas, seguidos posteriormente pelos muçulmanos de Golkonda. Em 1800, os britânicos ocuparam a região, retirando o poder aos muçulmanos. Em 1817, Cuddapah tornou-se a sede do recém-formado distrito de Kadapa. Em 1868, Cuddapah foi declarada município. O ecossistema de Cuddapah é um produto da interação de tradições culturais, populações dominadas pelos dois principais grupos religiosos, hindus e muçulmanos, templos e mesquitas, bazar local e comércio externo, redes administrativas, políticas, económicas, religiosas e sociais. As principais culturas são o amendoim, o girassol, o algodão e o melão. Embora no passado tenha havido muitos incidentes de política facciosa e rivalidades, atualmente a situação melhorou. A riqueza mineral é abundante em Kadapa. Este facto conduziu ao estabelecimento de muitas indústrias. Foram criados muitos estabelecimentos de ensino. Com todas estas caraterísticas, Kadapa tem um grande potencial de crescimento, que pode ser utilizado para o desenvolvimento da região, do Estado e da nação.

CAPÍTULO 3

PERFIL DEMOGRÁFICO DA CIDADE DE KADAPA

Este capítulo aborda o perfil demográfico e o seu impacto no crescimento da cidade de Kadapa. Discute também o crescimento da população da cidade de Kadapa ao longo de um período de tempo e os vários factores determinantes do crescimento da população e as suas consequências. Inclui a estrutura etária e sexual da população e a sua relação com outros factores demográficos. Os componentes do crescimento da população, como a moralidade da fertilidade e a migração da cidade de Kadapa, são explicados através das medidas da taxa de natalidade, da taxa de mortalidade e da imigração.

A densidade de um local revela os factores favoráveis à sua sobrevivência. A densidade de Kadapa e as várias questões relacionadas com o seu aumento são também abordadas neste capítulo.

Crescimento da população

Com mais de 150 anos de existência como município, a cidade de Kadapa tem registado, desde o início, uma grande variação no crescimento da população. Sendo uma cidade com uma localização central e um dos municípios mais antigos, Kadapa tem recebido continuamente migrantes de todo o distrito. No entanto, só após a formação do Estado de Andhra Pradesh é que se registou um aumento significativo do crescimento da população.

Quadro 3.1

Crescimento da população em Kadapa entre 1881 e 2011

Year	Population	Decade Variation	Percentage Decade Variation
1881	18,982	-	NA
1891	17,379	1,603	NA
1901	16,432	947	NA
1911	17,807	1,375	8.37
1921	19,517	1,710	9.60
1931	22,602	3,085	15.61
1941	28,246	5,644	24.97
1951	37,438	9,192	32.54
1961	49,027	11,589	30.96
1971	66,195	17,168	35.02
1981	103,125	36,930	35.02
1991	121,463	18,338	17.78
2001	126,505	5,042	4.15
2011	339881	2,13,376	168.67

Fonte: Censo de Andhra Pradesh, Manual do Distrito em diferentes anos NA Não disponível

O quadro 3.1 mostra o crescimento da população da cidade de Kadapa entre 18812011. O primeiro recenseamento sistemático efectuado em 1881 mostra que a população era de 18 982 pessoas. Registou-se um declínio da população, com uma variação decadal de 1 603 pessoas no recenseamento seguinte, em 1891. A tendência para o declínio continuou no recenseamento de 1901, também com uma população de 16 432 pessoas, a mais baixa jamais registada na cidade de Kadapa. Entre 1891 e 1901, a população diminuiu de 17 379 para 16 432. Durante este período, registaram-se grandes epidemias em todo o país, e este declínio da população é visível tanto no país como no Estado de Andhra Pradesh. As epidemias, como a peste, a cólera e a malária, causaram grandes perdas de vidas. Um padrão semelhante foi também observado na cidade de Kadapa. A partir do recenseamento seguinte, ou seja, em 1911, registou-se um aumento constante do crescimento da população. A população era de 17 807 habitantes em 1911, seguindo-se um ligeiro aumento para 19 517 em 1921 e 22 602 em 1931. Registou-se um aumento de 8,37% da população durante o período de 1901-1911 e este crescimento constante da população continuou com uma variação decadal de 15,61% durante 1921-31.

Entre 1931 e 1941, observa-se um elevado crescimento da variação percentual da década. As razões para esta variação podem dever-se à migração. Como a migração é uma das componentes importantes que podem influenciar o crescimento da população, este aumento pode ser atribuído ao fator migração.

A população da cidade de Kadapa registou um aumento fenomenal a partir de 1951, com uma população de 37 438 habitantes e uma variação percentual de 32,54. A população da cidade de Kadapa aumentou duas vezes entre 1881 e 1951. No entanto, o crescimento constante da população foi acelerado após a reorganização do Estado em 1956, tanto no que respeita ao crescimento da população como às áreas. Como consequência da formação do Estado, verifica-se um aumento do ritmo das indústrias. Devido à industrialização e à expansão das funções administrativas, a cidade registou um crescimento constante da população.

Em 1961, a cidade de Kadapa registou uma população de 49 027 habitantes. Este facto pode dever-se à adição de 10 novas áreas à cidade de Kadapa. No ano de 1991, foram acrescentadas cerca de 10 novas zonas, nomeadamente Patha Kadapa, Chinnachowk, Gudur, Ankayapalle, Nagarajupeta, Viswanathapuram, Puttam Palle, Mamillapalle, Utukur e Chemumiahpeta. O aumento continuou até 1971, com uma população de 66 195 habitantes. Desde 1971, tanto a variação por década como a variação percentual por década aumentaram significativamente.

A tendência crescente da população, juntamente com a variação decadal e a variação decadal percentual, manteve-se até 1981. No entanto, em 1991, embora tenha havido um aumento da população para 121 463, registou-se um declínio tanto na variação decenal como na variação percentual decenal (17,78%). Uma tendência semelhante manteve-se no recenseamento de 2001, com uma variação decenal percentual mais baixa (4,15%) e uma variação decenal (5 042), juntamente com a população. O número total de pessoas acrescentadas entre 1971-81 duplicou em comparação com a população durante 1961-71. No censo de 2011, a Índia, com uma população de 1215 milhões de habitantes, acrescentou 181 milhões à sua população desde 2001. A taxa de crescimento em 2011 é de 17,64% em comparação com 21,15% em 2001. O período 2001-2011 é a primeira década, com exceção de 1911-21, em que a população aumentou menos do que nas décadas anteriores (Fig. 3.1).

Crescimento da população em Kadapa entre 1881 e 2011

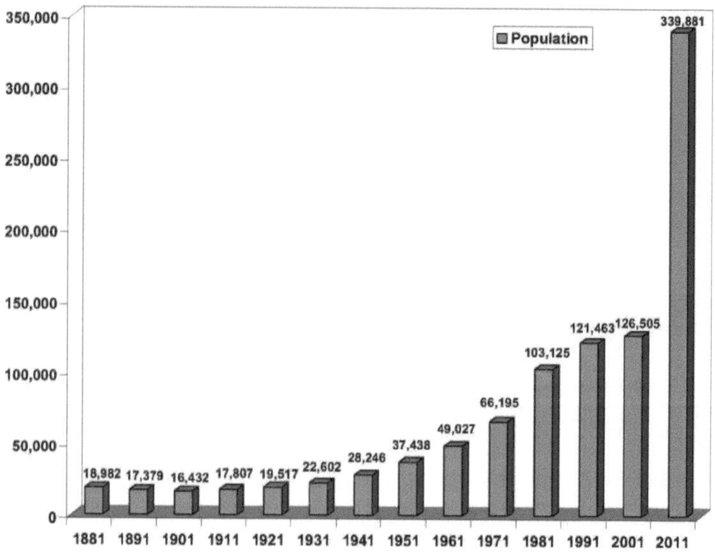

Fig. 3.1

Quadro 3.2

População da Índia, Andhra Pradesh e distrito de Kadapa Percentagem de variação decadal

Years	India			Andhra Pradesh			Kadapa District		
	Persons	Decadal variation	Percentage	Persons	Decadal variation	Percentage	Persons	Decadal variation	Percentage
1901	238396327	-	-	19065921	-	-	880891	-	-
1911	252093390	13697063	5.75	21447412	2381491	12.49	894807	13916	1.58
1921	251321213	-772177	-0.31	21420448	-26964	-0.13	888791	-6016	-0.67
1931	278977238	27656025	11.00	21420448	2783125	12.99	950542	61751	6.95
1941	318660580	39683342	14.22	27899340	3085767	12.75	1057576	107034	11.26
1951	361088090	42420285	13.31	31115259	3825919	14.02	1162888	105312	9.96
1961	439234771	77682873	21.51	35983447	4868188	15.65	1342015	179127	15.40
1971	548159652	108924881	24.80	43502708	7519261	20.90	1577267	235252	17.53
1981	685184692	137025040	25.00	53549673	10046965	23.10	1933304	356037	22.58
1991	846302688	161117996	23.51	66508008	12958335	24.20	2267769	334465	17.30
2001	1028610328	182307640	21.54	76210007	9701999	14.59	2601797	334028	14.73
2011	1210193422	181583094	17.65	84665533	845526	11.10	2884524	282727	10.87

A Tabela 3.2 apresenta os dados sobre a população da Índia, de Andhra Pradesh e dos distritos de Kadapa. Em 1901, a população total da Índia era de 23 83 96 327 **habitantes.** Em 1901, a população total da Índia era de 23 83 96 327, tendo aumentado para 25 20 93 390 em 1911, com uma variação decadal 13697063 e um aumento percentual de 5,43. Durante o período de 1911-21, registou-se um ligeiro declínio da população de 0,31%. A variação decadal percentual é mais elevada (14,22) durante a década de 1941-51, quando comparada com as décadas anteriores; no entanto, regista-se um declínio na década seguinte. Registou-se um aumento da variação decenal da população na Índia durante 1961-71 e 1971-81.

Um padrão mais ou menos semelhante foi também observado no Estado de Andhra Pradesh. A população registou um ligeiro declínio em 1921-31. A partir de 1961, registou-se um aumento significativo da população da Índia e a tendência de crescimento manteve-se até 1991. Pela primeira vez, apenas em 1991-2001 o crescimento da população registou um declínio (Fig. 3.2, 3.3 e 3.4).

A população do distrito de Kadapa registou uma variação decadal de 13 916 habitantes entre 1911 e 1921. Os padrões de crescimento da população são semelhantes aos do estado de Andhra Pradesh. Em 1941, registou-se um aumento de 11,26% e, em seguida, a variação diminuiu para 9,96%. A partir de 1961, registou-se um aumento notável do crescimento demográfico, que atingiu o seu ponto mais alto em 1991. Só na última década se registou uma diminuição da variação decadal da população para 14,73%.

População da Índia percentagem de variação decadal 1901 - 2011

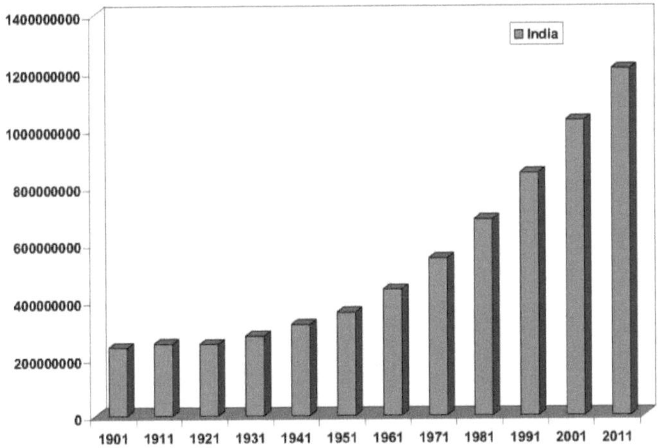

Fig. 3.2

População de Andhra Pradesh percentagem de variação decadal 1901 - 2011

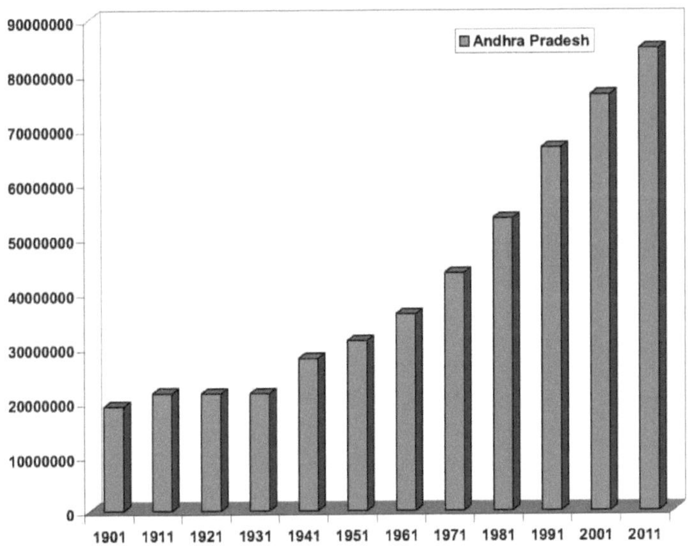

Fig. 3.3

População de Kadapa percentagem de variação decadal 1901 - 2011

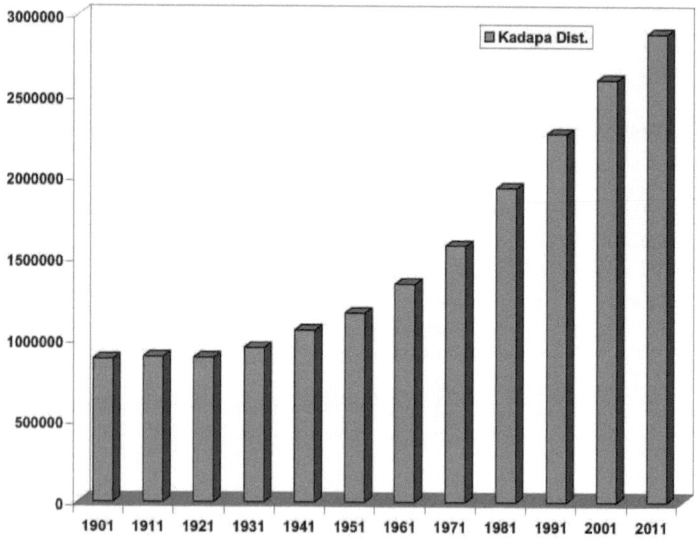

Fig.3.4

Crescimento da população

A Tabela 3.3 apresenta o número total de nascimentos e mortes na cidade de Kadapa de 1901 a 2011. Durante a década de 1901-10, a cidade de Kadapa registou um total de 5 585 nascimentos e 5 466 óbitos, com um aumento natural de 119. A variação decenal foi de 1,375 e a diferença entre o aumento natural e a variação decenal registada foi de 1,256.

Quadro 3.3

Número total de nascimentos e óbitos em Kadapa de 1901 a 2001

Year	Total Births	Total Deaths	Natural increase	Decade Variation	Difference between Natural increase and decade variation
1901-10	5,585	5,466	119	1,375	1,256
1911-20	6,438	6,438	337	1,710	2,046
1921-30	6,663	5,126	1,537	3,085	1,548
1931-40	9,650	5,880	3,770	5,644	1,874
1941-50	NA	NA	NA	NA	NA
1951-60	NA	NA	NA	NA	NA
1961- 70	20,298	7,295	13,003	17,168	4,165
1971-80	27,527	6,826	20,701	36,930	16,229
1981-90	26,139	21,784	4355	18,297	13,942
1991-2001	27,992	24,963	3,029	5,083	2,054

Fonte: i) Boletim Oficial do Distrito de Madras, (Cuddapah)

11)Estatísticas vitais, Departamento de Ciências da Família e da Saúde, Hyderabad, Andhra Pradesh

Durante o período de 1911-20, registou-se o mesmo número de nascimentos e de óbitos. No entanto, na década de 1921-30, regista-se um declínio dos óbitos para 5.126, mas os nascimentos apresentam um ligeiro aumento para 6.663, com um aumento natural de 1.537. O declínio dos óbitos pode dever-se a epidemias, mas também se regista em todo o país e no Estado. Curiosamente, na década seguinte, de 1931-40, registou-se um aumento significativo de nascimentos para 9 650 e um ligeiro aumento de óbitos (5 880), com um aumento natural de 3 770. Em comparação com a década anterior de 1921-30, registou-se um aumento natural duas vezes superior em 1931-40. Além disso, a cidade registou a maior variação percentual por década a partir de 1931 (Quadro 3.3). No entanto, durante a década de 1961-70, registou-se um aumento fenomenal de nascimentos para 20 298 e um aumento relativamente ligeiro de mortes para 8 295, com um aumento natural de 13 003 e uma variação decadal de 17 168. A tendência crescente do total de nascimentos continuou na década seguinte, de 1971-80, mas com um ligeiro declínio nos óbitos. Durante o mesmo período, registou-se o maior aumento natural de 20 701, com uma variação decenal duas vezes superior, de 36 930. Durante a década de 1971-81, a migração desempenhou um papel predominante no aumento da população de Kadapa, juntamente com o aumento natural. O aumento do número de nascimentos e de mortes continuou na década seguinte, de 1991 a 2000, registando um declínio do aumento natural.

Número total de nascimentos e óbitos em Kadapa de 1901 a 2001

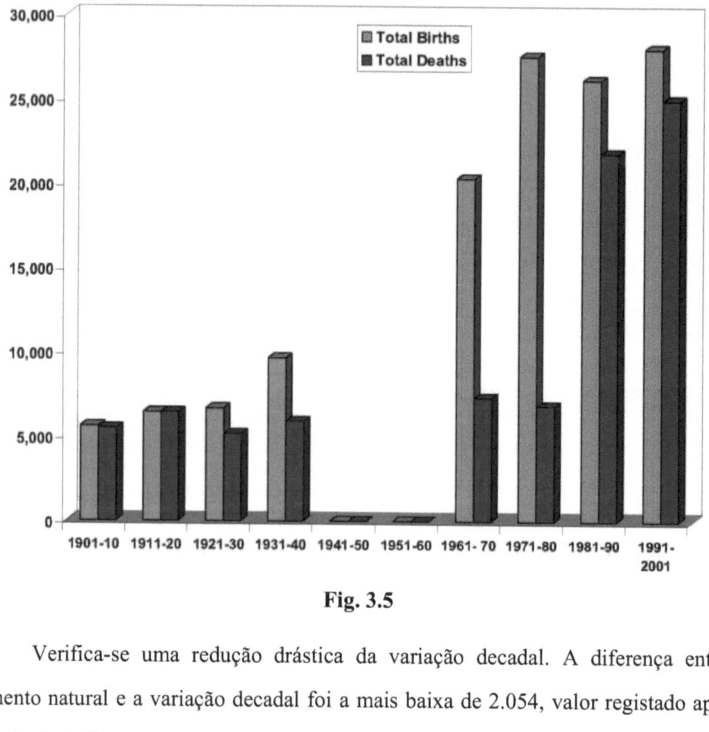

Fig. 3.5

Verifica-se uma redução drástica da variação decadal. A diferença entre o aumento natural e a variação decadal foi a mais baixa de 2.054, valor registado após 8 décadas (Fig. 3.5).

Migração e crescimento demográfico

A migração é o movimento de um lugar para outro. A migração pode ocorrer como resultado de factores de pressão e de atração. Os factores de pressão são aqueles que obrigam uma pessoa a deslocar-se, por exemplo, a seca, a fome, a falta de emprego, etc. Os factores de atração são aqueles que encorajam uma pessoa a deslocar-se. Por exemplo, uma hipótese de ter um emprego melhor, melhor educação, melhor nível de vida, etc. A imigração indica o número de migrantes internos, ou seja, as pessoas que migram para uma área ou território. O crescimento da população é o resultado do crescimento natural e da imigração. Com a formação do Estado de Andhra Pradesh, registou-se um enorme afluxo de migrantes à cidade de Kadapa. Isto pode dever-se ao facto de as zonas rurais estarem saturadas e não poderem oferecer oportunidades de emprego à população em crescimento. Muitos deslocam-se entre as zonas rurais e urbanas. Após a colheita, migram para as zonas urbanas. Na maior parte dos casos, trata-se de uma migração em cadeia: um deles muda-se e traz consigo os seus familiares e amigos. As pessoas que vivem noutras cidades e aldeias em busca de melhor educação, saúde, emprego, instalações recreativas e outras comodidades migraram para a cidade de Kadapa.

O quadro 3.4 mostra o aumento do número de imigrantes em Kadapa durante o período de 1901-2011. Este quadro mostra claramente o impacto dos imigrantes na população da cidade de Kadapa ao longo das décadas. Na década de 1901-10, a percentagem de imigrantes era de apenas 8,65%. No entanto, o crescimento da população devido à imigração foi de 91,35 por cento. Durante a década de 1911-20, o crescimento da população devido à imigração foi de 100 por cento. No entanto, durante a década de 1921-30, registou-se um aumento de quase 50,00 por cento da população imigrante.

Quadro 3.4

Número e percentagem de imigrantes em Kadapa de 1901 a 2001

Year	Decade	%	Natural	%	Difference between natural increase, variation increase and Decade variation (Growth of Population due to 0 immigration) %	
1901-1910	1,375	(100)	119	(8.65)	1,256	(91.35)
1911-1920	17,10	(100)	-337	(-)	2,046	(100)
1921-1930	3,085	(100)	1,537	(49.82)	1,548	(50.18)
1931-1940	5,644	(100)	3,770	(6	1,874	(33.20)
1941-9150	NA	NA	NA	NA	NA	NA
1951-1960	NA	NA	NA	NA	NA	NA
1961-1970	17,168	(100)	12,003	(66.80)	1,874	(33.20)
1971-1980	36,930	(100)	20,701	(75.74)	4,165	(24.26)
1981-1990	18,338	(100)	23,456	(56.05)	16,229	(43.95)
1991-2000	5,042	(100)	-	-	-	(4.15)
2001-2011	2,13,376	(100)	-	-	-	(168.67)

Nota: Os valores entre parênteses são percentagens

Fonte: Censo de Andhra Pradesh, Manual de Distrito 1961-2001

A partir de 1961, juntamente com o aumento da variação decadal da população e do aumento natural, a percentagem de imigrantes aumentou para 66,80 por cento, com um aumento de 33,20 por cento no crescimento da população devido à imigração. Curiosamente, durante a década de 1971-80, registou-se um declínio do crescimento da população devido à imigração para 24,26%, mas na década seguinte, de 1981-90, aumentou para 43,95%. De um modo geral, a cidade de Kadapa registou um enorme afluxo de imigrantes desde o início da formação do Estado de Andhra Pradesh. Desde que a cidade passou a ser o novo Estado de Andhra Pradesh, em 1953, um grande número de pessoas de outras regiões emigrou para a cidade de Kadapa. Devido às suas vantagens geográficas, todas as infra-estruturas, como a saúde, a educação, o lazer, as oportunidades de emprego e os serviços, desenvolveram-se rapidamente na cidade de Kadapa. Por este motivo, as pessoas que viviam noutras cidades e aldeias migraram em busca de melhores instalações. Para além disso, as facções políticas em diferentes partes do distrito também forçaram as pessoas a abandonar os seus locais de origem e a instalarem-se na cidade de Kadapa, que está um pouco livre de confrontos políticos e comunitários. Por conseguinte, os factores de atração e de repulsão da migração influenciaram o aumento da população de Kadapa.

Dado que o distrito de Kadapa é mais propenso à seca e é considerado um distrito atrasado pelos governos estatal e central, as pessoas foram obrigadas a abandonar as suas aldeias e a instalar-se na cidade de Kadapa em busca de meios de subsistência. Devido às secas frequentes e contínuas, as pessoas foram obrigadas a emigrar para a cidade. Até certo ponto, a predominância de muçulmanos na população também levou a um aumento do crescimento da população. Em geral, em todo o país, os muçulmanos registavam taxas de natalidade elevadas em comparação com os hindus e os cristãos (Balasubramanian, 1984; Malika, 2007; Dharmalingam, 2004). Uma vez que quase metade da população de Kadapa é muçulmana, este facto pode também ser uma das razões para a variação do crescimento da população.

COMPOSIÇÃO DA POPULAÇÃO

A idade é uma das caraterísticas mais importantes da composição da população. Os dados sobre a estrutura etária são necessários para a análise de dados específicos por idade, para fins de planeamento, científicos, técnicos e comerciais. O rácio de dependência mostra as pessoas economicamente activas.

A Tabela 3.5 explica a distribuição percentual da população por grupos etários em diferentes anos de recenseamento. No ano de 1881, quase dois terços (62,80 por cento) da população pertenciam ao grupo etário dos 15-59 anos, menos de um terço (30,94 por cento) da população pertencia ao grupo etário dos 0-14 anos e apenas uma pequena proporção (6,18 por cento) pertencia ao grupo etário dos 60+ anos. A estrutura etária da população registou variações ao longo de um período de 100 anos. Os resultados do recenseamento de 1981 revelaram que a população ativa do grupo etário dos 15-59 anos diminuiu de 62,80% para 56,44%, enquanto a população jovem do grupo etário dos 0-14 anos aumentou para 35,58% e a população do grupo etário dos 60 anos ou mais diminuiu. O número de idosos diminuiu ligeiramente em cerca de 1,20 por cento e a população ativa no grupo etário dos 15-59 anos em 6,46 por cento num período de 100 anos. A mesma tendência manteve-se nas décadas seguintes e pode também ser observada noutras partes do país. Os resultados do recenseamento de 1991 a 2001 revelaram que a população ativa do grupo etário dos 15-59 anos diminuiu de 54,16% para 49,21%, ao passo que se verificou um aumento da população jovem do grupo etário dos 0-14 anos de 42,43% para 47,19% e um declínio da população do grupo etário dos 60 anos ou mais (Fig. 3.6 a 3.9).

Quadro 3.5

Distribuição percentual da população por grupos etários em diferentes anos censitários em Kadapa

Age Groups	Years			
	1881	**1981**	**1991**	**2001**
0-14 years	30.94	35.58	42.43	47.19
15-59 years	62.80	56.44	54.16	49.21
60+ years	6.18	4.98	3.41	3.6
Total	100.00	100.00	100	100

Fonte : Censo da Índia, Quadros Económicos Gerais, Série I, (Índia), Parte IIB 1961, 1971, 1981, 1991, & 2001

Distribuição percentual da população por grupos etários em diferentes anos de recenseamento em Kadapa 1881

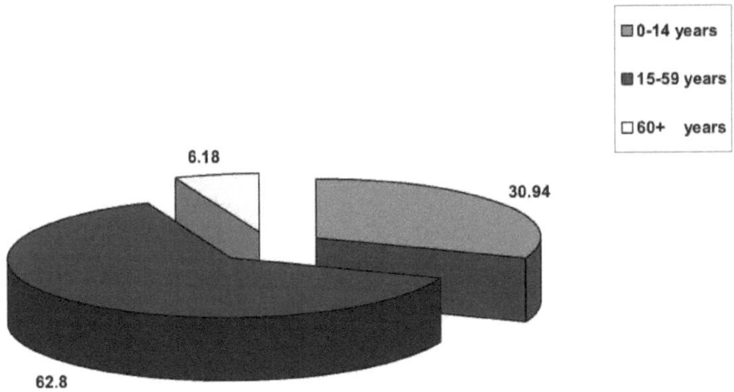

Fig. 3 .6

Distribuição percentual da população por grupos etários em diferentes anos de recenseamento em Kadapa 1981

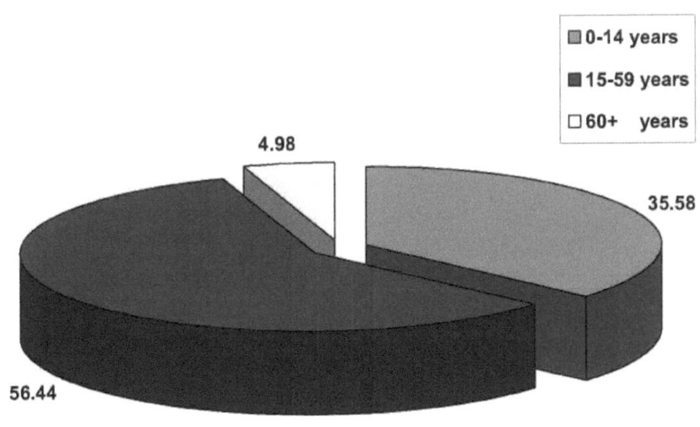

Fig. 3.7

Distribuição percentual da população por grupos etários em diferentes Anos de recenseamento em Kadapa 1991

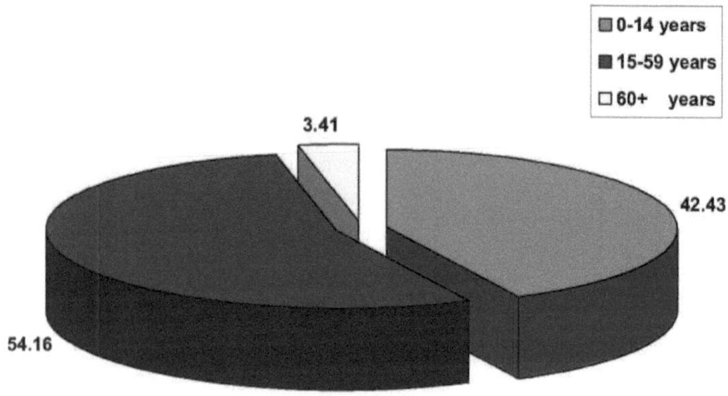

Fig. 3.8

Distribuição percentual da população por grupos etários em diferentes Anos de recenseamento em Kadapa 2001

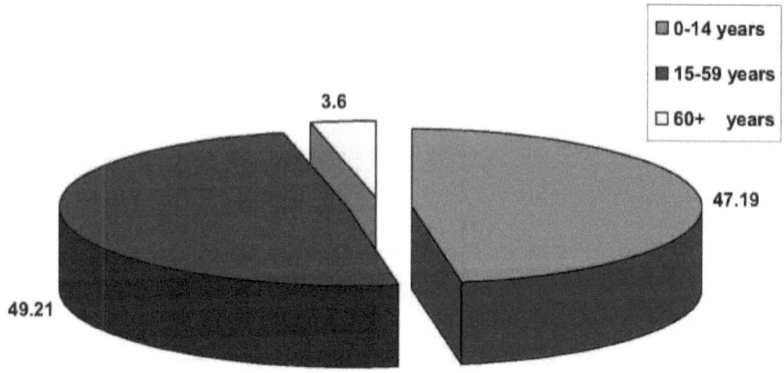

Fig. 3.9

Rácio de sexo da população

A proporção entre os sexos é definida como o número de mulheres por cada 1000 homens. A proporção entre os sexos é um dos indicadores para determinar a igualdade entre homens e mulheres numa sociedade num determinado período de tempo. A relação entre os sexos, embora desfavorável às mulheres na Índia, registou uma melhoria nos últimos censos. A persistência de um rácio de sexos adverso deve-se também à maior preferência pelos filhos na sociedade indiana. Enquanto essa preferência não for resolvida, será difícil alterar o rácio entre os sexos, apesar das medidas concertadas por parte do governo. Para além dos factores tradicionais, a mobilidade social pode também ser uma força motriz por detrás do aumento do rácio entre os sexos na Índia.

Quadro 3.6

Rácio de sexos da população da Índia, Andhra Pradesh, distrito de Cuddapah e cidade de Kadapa em anos diferentes

Year	India	Andhra Pradesh	Kadapa District	Kadapa City
1901	972	985	976	1042
1911	964	992	969	1053
1921	955	993	964	978
1931	950	987	962	962
1941	945	980	953	956
1951	946	986	953	966
1961	941	981	957	932
1971	930	977	958	926
1981	934	975	959	929
1991	927	972	975	958
2001	933	978	974	986
2011	940	992	984	990

Fonte: Censo da Índia, 1961, 1971, 1981, 1991 e 2001, Vol-II, Andhra Pradesh, Parte II A, Quadros Gerais da População, Governo da Índia, Nova Deli.

Nota: Número de mulheres por 1000 homens

O quadro 3.6 mostra o rácio entre os sexos da população da Índia, Andhra Pradesh, distrito de Cuddapah e cidade de Kadapa em diferentes anos. No ano de 1901, o rácio entre os sexos da população da Índia era de 972 mulheres para 1000 homens, tendo diminuído para 972 mulheres para 1000 homens. Esta tendência decrescente manteve-se ao longo das décadas. Na década de 1941, registou-se um aumento muito reduzido da população. A partir de 1961, o rácio entre os sexos do país começou a diminuir significativamente, tornando-se uma preocupação nacional. Só no recente recenseamento de 2011 se registou um aumento para 940 mulheres por mil homens, contra 933 no recenseamento de 2011.

Rácio de sexos da população da Índia, Andhra Pradesh, distrito de Cuddapah e cidade de Kadapa em anos diferentes

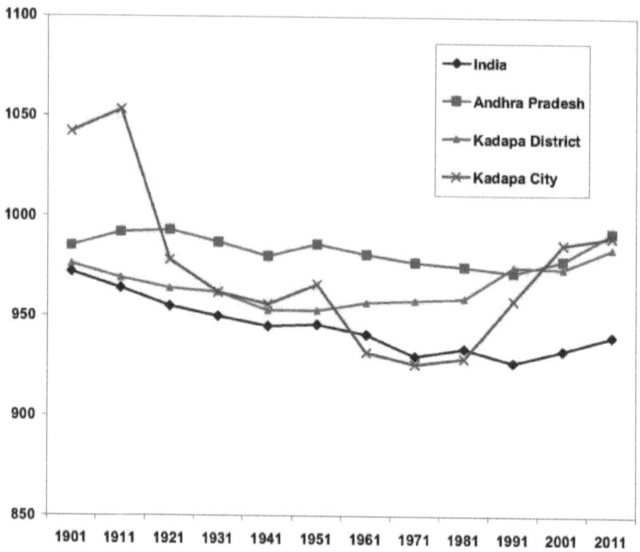

Fig. 3.10

O rácio entre os sexos do Estado de Andhra Pradesh é, desde o início, mais favorável às mulheres. Em 1901, a proporção entre os sexos era de 985 mulheres por mil mulheres, tendo aumentado para o valor mais elevado de sempre, 993 mulheres por mil homens. Posteriormente, a tendência para o declínio do rácio entre os sexos manteve-se até 1941. Em 1951, a proporção entre os sexos registou um aumento e atingiu 986 mulheres por cada mil homens. A partir de 1961, o rácio entre os sexos diminuiu e atingiu o valor mais baixo de 972 mulheres por mil homens no ano de 1991. Posteriormente, nas duas últimas décadas, o rácio entre os sexos começou a aumentar para 978 em 2001 e para 992 mulheres por cada mil homens no censo de 2011. Desde o início que o estado de Andhra Pradesh apresentava um rácio de sexos muito mais elevado do que a média nacional (Fig. 3.10).

O rácio entre os sexos no distrito de Cuddapah apresentou uma grande variação. Em 1901, o rácio entre os sexos era de 976 mulheres por cada mil homens no distrito de Cuddapah, tendo diminuído para 962 em 1931. Em 1931, a proporção de mulheres por cada mil homens no distrito de Cuddapah diminuiu para 962. Voltou a diminuir para 953 nos recenseamentos de 1941 e 1951. Mais uma vez, registou-se um ligeiro aumento para 957 em 1961, mantendo-se a mesma tendência até 1991. Em 2001, observou-se um declínio muito ligeiro do rácio entre os sexos. No entanto, o rácio entre os sexos voltou a aumentar para 984 mulheres por 1000 homens no recenseamento de 2011. Exceto em 1991, a média do rácio entre os sexos no distrito de Cuddapah é inferior à média do Estado.

A cidade de Kadapa registou um elevado rácio entre os sexos, muito superior à média da Índia e à média do estado de Andhra Pradesh. Em 1901, o rácio sexual da cidade de Kadapa era de 1042 mulheres por mil homens, seguido do rácio sexual mais elevado da história da cidade de Kadapa, 1053 mulheres por mil homens, em 1911. Em 1921, o rácio entre os sexos diminuiu acentuadamente para 978 mulheres por cada mil homens. A tendência de declínio continuou e atingiu 956 por mil homens em 1941. No entanto, em 1951 registou-se um aumento da razão de sexo para 966 mulheres por mil homens. Curiosamente, em 1961, registou-se um declínio acentuado para 932 e a tendência manteve-se na década seguinte. Em 1981, registou-se um ligeiro aumento para 929, contra 926 mulheres por mil homens em 1971. O ano de 1991 registou um aumento de 29 mulheres por mil homens e atingiu os 929. Este aumento significativo continuou no censo de 2001 (986 mulheres) e no censo de 2011 registou 990 mulheres por cada mil homens. Esta relação de género é a mais elevada desde 1921.

thExceto nas primeiras décadas do século XX, a proporção entre os sexos é sempre mais favorável aos homens do que às mulheres. O declínio da razão de sexo em relação à média dos Estados pode dever-se a vários factores. Podemos ver pelos números acima que a razão de sexo à nascença é mais favorável aos homens do que às mulheres na Índia. Algumas das razões habitualmente avançadas para explicar o nível consistentemente baixo da razão de sexos são a preferência pelo filho, a negligência em relação à criança do sexo feminino, que resulta numa mortalidade mais elevada em idades mais jovens, o infanticídio feminino, o foeticídio feminino, a elevada mortalidade materna e o enviesamento masculino na contagem da população. No entanto, as razões para o declínio da proporção entre os sexos nos dias de hoje devem-se principalmente à introdução da determinação pré-natal do sexo, como a amniocentese e a tecnologia de ultra-sons. Os abortos selectivos em função do sexo tornaram-se uma das razões para o declínio, demonstrando a atitude de indesejabilidade das crianças do sexo feminino.

Outra razão para o baixo rácio entre os sexos em Kadapa deve-se também à maior mortalidade das crianças do sexo feminino. Isto deve-se aos factores socioculturais que prevalecem na cidade de Kadapa. Factores como a negligência em relação aos bebés do sexo feminino, o foeticídio feminino, os casamentos precoces, os partos frequentes, os partos menos institucionalizados, a falta de nutrição adequada, a menor utilização dos serviços pré-natais, etc. A cidade de Kadapa é dominada pela população hindu e muçulmana. Estes grupos religiosos têm certas práticas sócio-culturais que podem prejudicar o crescimento e o desenvolvimento das crianças do sexo feminino. Os baixos níveis de literacia, a ignorância e as crenças supersticiosas estão a levar a um menor número de crianças do sexo feminino na cidade de Kadapa. Devido à sociedade patriarcal e à dominação masculina, o estatuto económico inferior das mulheres e o seu menor envolvimento na tomada de decisões conduzem a um estatuto inferior das mulheres. Devido a esse estatuto inferior, são sempre tratadas como cidadãs secundárias, sem cuidados adequados em matéria de educação, saúde e alimentação. Os casamentos precoces e, consequentemente, a gravidez frequente são também uma das causas da elevada mortalidade materna. As causas do aumento da mortalidade materna são as hemorragias graves, as infecções, os abortos inseguros, a eclâmpsia, os partos obstruídos, outras causas diretas e causas indirectas. A falta de cuidados médicos especializados e a má nutrição são também causas de mortalidade materna elevada. Todos estes factores estão a conduzir a um aumento da mortalidade feminina em todas as idades, incluindo a mortalidade materna e infantil. Esta situação é semelhante à que se verifica tanto a nível nacional como estadual.

O tamanho médio das famílias é de 5,5 filhos em Kadapa. A dimensão mais elevada da família deve-se aos casamentos universais e precoces, à pobreza e ao analfabetismo, à preferência pelo filho varão, ao sistema familiar conjunto e ao sucesso parcial das medidas de controlo da natalidade. Todos estes factores conduziram a taxas de natalidade mais elevadas. Devido ao aumento das taxas de natalidade, haverá um maior número de crianças e de adolescentes. Nas ordens de nascimento mais baixas, a proporção entre os sexos é baixa. Como os casamentos precoces são mais comuns, este facto pode também ter um impacto na gravidez precoce. Esta gravidez precoce e frequente não só afecta a saúde da mãe como pode levar a um maior número de nascimentos. A preferência pelos filhos é maior na cidade de Kadapa, tal como no resto do país; as pessoas preferem ter mais filhos a ter o número desejado de filhos. Este facto também contribui indiretamente para o aumento do número de crianças do sexo feminino em Kadapa, o que leva a uma baixa proporção entre os sexos.

Rácio entre os sexos na cidade de Kadapa

A Tabela 3.7 mostra os dados sobre a proporção entre os sexos na cidade de Kadapa, de 1961 a 2001. No ano de 1961, o bairro 18 registou a razão de sexo mais elevada, com 1013 mulheres por cada mil homens, seguindo-se os bairros 18, 15, 10, 9, 8 e 6. A razão de sexo mais baixa foi observada no bairro 13 (811). No recenseamento seguinte, em 1971, observaram-se algumas alterações. A ala número 8 tinha a razão de sexo mais alta, 977 mulheres por 1000 homens, seguida pela ala número 20, com uma razão de sexo de 977.

Em 1981, o bairro nº 6 tinha o rácio sexual mais elevado de 1001 mulheres por cada mil homens, seguido dos bairros nºs 15, 10, 11 e 5. A razão de sexo mais baixa foi observada no bairro nº 1 (831). No recenseamento seguinte, em 1991, foram observadas algumas alterações. A ala número 4 tinha a razão de sexo mais alta de 1037 mulheres por 1000 homens, seguida pela ala número 20, com uma razão de sexo de 1005. Os bairros 10, (993), 14, (990) e 15, (988) também tinham uma razão de sexo favorável em comparação com os outros bairros. No recenseamento de 2001, a ala número 4 continuou com uma elevada proporção entre os sexos de 1148, a mais elevada jamais registada em qualquer ala, seguida da ala número 4 (1053). Curiosamente, em 2001, o bairro 13, que apresentou uma relação sexual desfavorável nos dois últimos períodos de recenseamento, registou um enorme aumento de 130 mulheres por cada mil homens, com uma relação sexual de 1026 mulheres por cada 1000 homens. No bairro 20, o rácio entre os sexos diminuiu relativamente em comparação com o recenseamento anterior, com uma proporção igual de mulheres e homens. Do mesmo modo, os números 5, 8, 10, 11, 14, 15 e 17 registaram rácios de sexo mais baixos em comparação com o recenseamento de 1991.

Em 2011, os bairros da cidade de Kadapa foram divididos em 50 bairros (Quadro 3.8). A razão de sexo mais elevada, de 1092 mulheres por 1000 homens, foi observada na ala número 28 (1092), seguida da 40 (1004) e da 44 (1002). A razão de sexo mais elevada é observada nas alas 28, 40 e 44. A razão de sexos mais baixa é observada nos bairros 7, 4 e 2. O padrão espacial da cidade de Kadapa, depois de se fundir com as aldeias circundantes, registou algumas ligeiras alterações na proporção entre os sexos.

Quadro 3.7

Cidade de Kadapa Rácio de sexos por bairro

Ward No	1961			1971			1981			1991			2001		
	Male	Female	Sex Ratio	Male	Female	Sex Ratio	Male	Female	Sex Ratio	Male	Female	Sex Ratio	Male	Female	Sex Ratio
1	1538	1312	853	2606	2134	819	5646	4690	831	8585	7612	887	9025	8747	969
2	1247	1066	855	1881	1671	888	3269	2928	896	3675	3490	950	3708	3659	987
3	2041	1880	921	2911	2666	916	5028	4720	939	5364	5170	964	5241	5518	1053
4	982	955	973	1617	1348	834	2216	2133	963	2129	2207	1037	1799	2065	1148
5	1159	1111	959	1285	1247	970	1594	1548	971	1723	1537	892	1431	1244	869
6	1137	1119	984	1409	1359	965	1893	1894	1001	2120	2000	943	2080	2064	992
7	1366	1251	916	2077	1890	910	3174	2919	920	3847	3754	976	3470	3457	996
8	918	909	990	1519	1484	977	3018	2782	922	4244	4181	985	5033	4901	974
9	1141	1079	946	1483	1374	927	2382	2229	936	2907	2814	968	3686	3620	982
10	1317	1303	989	1701	1600	941	2479	2451	989	2965	2945	993	3517	3382	962
11	1356	1225	903	1677	1573	938	2095	2039	973	2350	2336	994	2596	2561	987
12	1123	1059	943	1295	1231	951	1602	1522	950	1540	1463	950	1464	1442	985
13	1120	908	811	1080	989	916	1433	1264	882	1595	1429	896	1070	1098	1026
14	1121	1106	987	1579	1514	959	2817	2681	952	3199	3166	990	3863	3730	966
15	1074	1083	1008	1344	1297	965	1815	1796	990	1761	1739	988	1765	1737	984
16	1409	1313	932	1848	1773	959	3429	3241	945	4701	4505	958	5131	4940	963
17	998	872	874	1121	1021	911	1364	1284	941	1200	1166	972	1205	1132	939
18	862	873	1013	1214	1188	979	1575	1514	961	1511	1480	979	1386	1401	1011
19	917	804	877	1050	942	897	1074	960	894	1190	1065	895	1034	986	954
20	1578	1508	956	2476	2418	977	4151	3891	937	4337	4360	1005	4174	4175	1000
21	973	914	939	1189	1114	937	1398	1187	849	1069	1032	965	991	977	986

Quadro 3.8

Rácio de sexos 2011

Ward	Male	Female	Sex Ratio	Ward	Male	Female	Sex Ratio
1	3521	3186	905	26	2563	2364	922
2	3863	2820	730	27	3602	3594	998
3	9110	7794	856	28	2596	2834	1092
4	4315	2863	663	29	3537	3528	997
5	3726	3497	939	30	2638	2640	1001
6	2231	2109	945	31	3072	3066	998
7	3939	2558	649	32	2546	2544	999
8	4156	3033	730	33	3321	3320	1000
9	3368	3295	978	34	3189	3156	990
10	2717	2713	999	35	3226	3176	985
11	3447	3428	994	36	2963	2734	923
12	3493	3391	971	37	3328	3307	994
13	3989	3981	998	38	3415	3148	922
14	3068	3056	996	39	3345	3335	997
15	4076	4059	996	40	3610	3624	1004
16	2573	2572	1000	41	2773	2759	995
17	4348	4348	1000	42	3413	3417	1001
18	2845	2684	943	43	2881	2879	999
19	3230	3227	999	44	3865	3871	1002
20	3275	3263	996	45	4558	4562	1001
21	2886	2854	989	46	4320	4316	999
22	3713	3715	1001	47	4375	4371	999
23	2671	2592	970	48	3934	3734	949
24	1366	1354	991	49	4695	4669	994
25	2774	2593	935	50	3746	3737	998
				Total	**174211**	**165670**	**951**

Fonte: Censo de Andhra Pradesh, Manual do Distrito 2011

Determinantes do crescimento da população

Fertilidade

Os principais factores determinantes do crescimento da população são a fertilidade, a mortalidade e a migração. A fecundidade é medida através de diferentes medidas, como a taxa bruta de natalidade, a taxa de fecundidade específica por idade, a taxa de fecundidade total, a taxa bruta de reprodução e as taxas líquidas de reprodução. É um dos factores predominantes no crescimento da população. As taxas de natalidade são influenciadas por diferentes factores, como os sociais, económicos, psicológicos, culturais e religiosos.

Quadro 3.9

População Taxa bruta de natalidade e taxa de mortalidade Rácio de sexos (Índia)

Year	Population (in million)	Crude Birth Rate	Crude Death Rate	Sex Ratio (Female per 1000 males)
1901	238.4	45.8	44.4	972
1911	252.1	49.2	42.6	964
1921	251.3	48.1	47.2	955
1931	279	46.4	36.3	950
1941	318.7	45.2	31.2	945
1951	361.1	39.9	27.4	946
1961	439.2	41.7	22.8	941
1971	548.2	41.2	19	930
1981	683.3	37.2	15	934
1991	846.4	32.5	11.4	927
2001	1028.6	24.8	8.9	933
2011	1210.2	20.97	7.49	940

Fonte: Censo de Andhra Pradesh, Manual do Distrito 2011

A fertilidade da Índia (Quadro 3.9) apresenta muitas variações. No ano de 1901, a taxa bruta de natalidade era de 45,8 nascimentos por 1000 habitantes, tendo aumentado significativamente para 49,2 em 1911. Em seguida, a taxa bruta de natalidade do país diminuiu ligeiramente para 48,1. A taxa de natalidade diminuiu fenomenalmente para 39,9 em 1951 e, a partir daí, registou um aumento para 41,2 em 1971. A partir de 1981, as taxas brutas de natalidade diminuíram e atingiram o valor mais baixo de 24,8 nascimentos por mil habitantes em 2001. As taxas de natalidade diminuíram devido a mudanças sociais e económicas. O aumento dos custos e o declínio do valor económico dos filhos estão a levar os casais a optar por famílias mais pequenas. O aumento da alfabetização feminina, a implementação bem sucedida de programas de planeamento familiar, a melhoria das condições de saúde, as fortes ligações entre as zonas rurais e urbanas, a alteração do padrão de mobilidade e o acesso aos meios de comunicação social são cruciais para explicar o declínio da fertilidade (Fig. 3.11).

População Taxa bruta de natalidade e taxa de mortalidade Rácio de sexos (Índia)

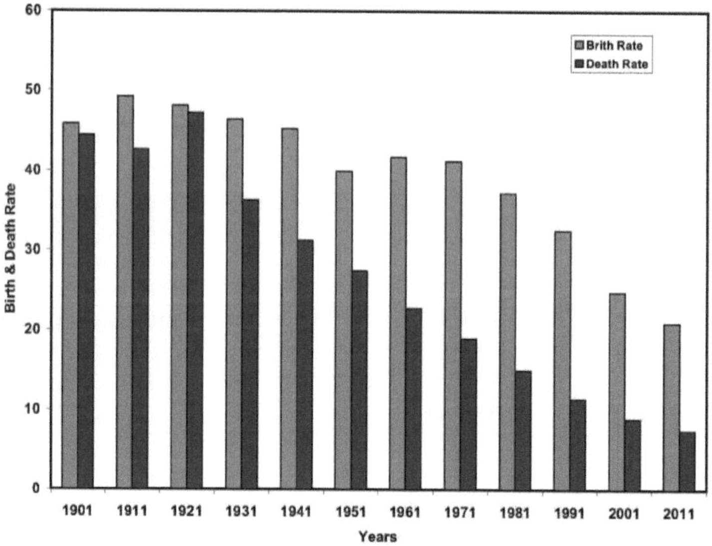

Fig. 3.11

As taxas de natalidade registaram variações acentuadas de tempos a tempos. As razões para as mudanças na natalidade são muitas: idade precoce no casamento, menos intervalos entre o casamento e o primeiro nascimento e também entre os nascimentos. O aumento da dimensão da família também pode ser uma das razões para as alterações nas taxas de natalidade. Acima de tudo, a religião é um fator primordial para o aumento das taxas de natalidade. Muitos estudos revelaram a relação entre religião e maior fertilidade e menor adoção de contraceptivos. A cidade de Kadapa é dominada tanto pela população hindu como pela muçulmana. De acordo com o recenseamento de 1971, apenas cerca de um terço da população (35,00 por cento) era muçulmana. No entanto, segundo o recenseamento de 1981, esta percentagem aumentou para metade da população da cidade (50,0%), tornando-se um fator importante para o aumento do crescimento demográfico da cidade.

Como a investigação anterior já mostrou uma taxa de natalidade mais elevada entre os muçulmanos do que entre os hindus, é visível que o papel da religião é bastante forte na fertilidade da região. Este fator, juntamente com outros factores como a baixa literacia, a atitude em relação ao planeamento familiar, a pobreza e a ignorância, pode influenciar fortemente as taxas de natalidade. Este facto é semelhante aos resultados do inquérito nacional por amostragem, que revelou que as mulheres muçulmanas dão à luz mais filhos do que as mulheres hindus e que a idade de casamento também é mais baixa para as muçulmanas do que para as hindus.

A educação é um dos factores que pode influenciar a fertilidade. As taxas de literacia são elevadas entre os hindus quando comparadas com as dos muçulmanos. A educação não só atrasa a idade do casamento, como também aumenta os níveis de consciencialização das mulheres, o que, por sua vez, aumenta a capacidade de decisão das mulheres. A prática da monogamia entre os hindus pode também ser uma das razões para os seus níveis mais baixos de fertilidade. Todos estes factores contribuíram para as alterações da taxa de natalidade em Kadapa.

Quadro 3.10

Taxas de natalidade e de mortalidade da população da cidade de Kadapa

Years	Birth rates	Death rates
1911	31.26	30.69
1921	31.26	32.98
1931	29.48	22.68
1941	N.A	20.82
1951	N.A	N.A
1961	30.66	N.A
1971	26.29	19.64
1981	26.62	20.07
1991	28.21	18.63
2001	22.38	22.35

Fonte: Censo de Andhra Pradesh, Manual do Distrito 2001

Em 1911, a taxa de natalidade da cidade de Kadapa foi registada em 31,26 (Quadro 3.10). Os mesmos valores continuaram a registar-se na década seguinte. Em 1931, registou-se um ligeiro declínio (29,48 nascimentos por 1.000 habitantes). Em 1961, a taxa de natalidade foi de 30,66, tendo diminuído novamente nos censos de 1971 e 1981. No entanto, em 1991, a taxa de natalidade era de 28,21, contra 26,62 em 1981, tendo diminuído ainda mais para 22,38 em 2001. Embora a taxa de natalidade esteja a diminuir, é bastante lenta. Esta situação é semelhante à das estatísticas nacionais.

Taxa de mortalidade

A taxa de mortalidade é definida como o número de mortes por 1000 habitantes. A taxa de mortalidade é um dos indicadores do estado de saúde de um país. A taxa de mortalidade não só afecta a saúde das pessoas, como também exerce pressão sobre os recursos médicos e de saúde pública do país. Antigamente, as taxas de mortalidade eram muito elevadas devido à falta de instalações médicas. Epidemias como a cólera, a peste e a febre aftosa causavam grandes perdas de vidas. A evolução da ciência e da tecnologia, nomeadamente a descoberta de antibióticos e a melhoria dos meios de transporte e de comunicação, contribuíram para a diminuição das taxas de mortalidade no país.

Na Índia, a taxa de mortalidade era muito elevada, ou seja, 44,4 mortes por 1000 habitantes em 1901 (Quadro 3.9). No entanto, devido às epidemias de gripe, a taxa de mortalidade aumentou para 47,2 em 1921. A partir de 1931, a tendência para o declínio das taxas de mortalidade manteve-se. Em 1931, a taxa de mortalidade era de 36,3 óbitos por 1000 habitantes, tendo diminuído para 27,4 em 1951. A partir de 1951, registou-se um enorme declínio nas taxas de mortalidade, 22,8 em 1961, 15,00 em 1981 e 11,4 no recenseamento de 1991. A taxa bruta de mortalidade era de apenas 8,9 mortes por 1000 habitantes em 2001. Os progressos da medicina, juntamente com o despertar para as medidas de saúde pública, melhoraram de facto a saúde da população.

A data das taxas de mortalidade na cidade de Kadapa mostra que a taxa de mortalidade era de 30,69 em 1911 (Quadro 3.10), tendo aumentado ligeiramente para 32,98 em 1921. Curiosamente, a taxa de mortalidade diminuiu significativamente para 22,68 em 1931, seguida de 20,82 em 1941. Em 1971, a taxa de mortalidade era de apenas 19,64, tendo aumentado ligeiramente para 20,07 em 1981. Em 1991, a taxa de mortalidade diminuiu novamente para 18,63. Em 2001, voltou a aumentar para 22,35. Em 1990, foram registadas 645 mortes na cidade de Kadapa. A cidade de Kadapa dispõe de cuidados médicos e instalações de saúde adequados. No entanto, problemas como a poluição do ar e da água, a aglomeração de pessoas, os acidentes rodoviários, a falta de esgotos adequados e de instalações de drenagem contribuíram para o aumento do número de mortes.

As fomes e as secas também tiveram todo o impacto no estado de saúde e nas mortes das pessoas. A alimentação é também um dos factores que pode influenciar os padrões de doença e a morte dos seres humanos. A escassez de alimentos também conduz à morte. Especialmente durante períodos prolongados de seca e fome, há escassez de alimentos, o que leva à morte. A produção alimentar de qualquer região depende de factores como as condições climáticas, a precipitação, a fertilidade do solo e o tipo de solo, a precipitação, a estação do ano, a temperatura, o abastecimento de água e outros factores bióticos.

As provas históricas revelam que Kadapa foi muito afetada pela fome em diferentes períodos, de 1791 a 92, em 1820, 1833, 1854 e 1866, 1876-77, 1889-90, 1891-92, 1896, 1897 e 1898 e 1901. Durante estes anos, a população sofreu muito. Embora não existissem provas registadas ou literatura que mostrasse o número exato de mortes devidas à fome, tal como noutras partes do país, também em Kadapa teria havido muitas mortes. Apenas uma ou duas obras literárias mencionam que 20 pessoas morreram em 1820 devido à fome. Na realidade, durante esses períodos de fome, muitas vidas teriam sido perdidas devido à escassez de alimentos. As pessoas idosas de Kadapa não esqueceram o que ouviram dos seus antepassados sobre a intensidade da fome de 1876-78 de Dokkala Karuvu (o estômago vai para dentro). Durante esse período, parece ter havido uma escassez aguda de alimentos e as pessoas passaram fome em Kadapa.

Nas palavras de Vidwan Viswam, um famoso poeta Telugu,

"Se chamar, a seca responde em Rayalaseema

Se não telefonarem, a seca dará resposta em Anantapur".

Para além disso, a falta de saneamento básico e de instalações médicas adequadas e a maior prevalência de doenças transmissíveis e epidemias causaram muitas mortes em Kadapa. Durante a grande fome de 1876-77, registou-se também uma súbita epidemia de cólera em Kadapa. Este facto provocou a morte de 564 pessoas em 1877. Mais uma vez, 1200 pessoas morreram devido à cólera em apenas três anos. Devido à peste, uma das doenças mais terríveis, em 1912 registaram-se 122 mortes em Kadapa. Outra grande doença transmissível, a varíola, também afectou um grande número de pessoas. Durante muitos anos, esta doença provocou muitas mortes. Durante os dias em que Kadapa foi afetada por graves surtos de doenças terríveis como a cólera e a varíola, centenas de habitantes morreram. No entanto, não existem provas estatísticas suficientes que possam explicar o número exato de mortes causadas por estas doenças.

Durante 1901-10, o número de nascimentos e mortes em Kadapa equilibrou-se, mas em 1911-20, o número de nascimentos foi superior ao de mortes. Nessa altura, especialmente nas estações das chuvas, Kadapa era sempre propensa a inundações. Tal deve-se ao facto de não existirem barragens, pelo que o fluxo de água provocava inundações, especialmente antes do período da independência. A literatura disponível mostra que houve inundações em outubro de 1804, outubro de 1871, maio de 1818, maio de 1851, maio de 1974 e novembro de 1903. Cerca de 461 casas foram danificadas e 756 casas ficaram gravemente danificadas nas cheias de 1903. Durante esses dias, as pessoas viviam sobretudo em cabanas e casas de kutcha com escassas instalações e foram afectadas pelas cheias. Entre 1932 e 1941, as doenças respiratórias, como a tuberculose, a bronquite, a pneumonia, a tosse convulsa, etc., causaram um grande número de mortes.

Quadro 3.11

Número de mortes devido a várias causas na cidade de Kadapa durante 1966 - 87

Years	Other fevers		Dysentry dishes		Respiratory		Deaths childs		Wounds accidents		Snake bite		Rabies		Allother causes		Deaths		Total
	M	F	M	F	M	F	M	F	M	F	M	F	M	F	M	F	M	F	
1966	14	11	35	19	76	36	8	-	35	23	1	1	6	3	350	302	517	403	920
1967	17	18	27	17	78	13	17	-	23	17	-	-	4	1	344	387	503	384	887
1968	10	8	19	9	56	31	18	-	26	13	-	-	4	-	282	227	396	297	693
1969	6	8	17	4	43	11	18	-	36	18	-	-	6	2	282	200	390	261	551
1970	2	1	14	3	34	13	8	-	31	17	1	-	3	1	254	159	349	202	551
1971	3	-	8	8	44	18	10	-	19	20	-	-	6	2	238	147	381	215	496
1972	4	3	8	8	44	20	5	-	18	32	-	-	3	1	234	154	318	217	535
1973	5	1	5	2	44	15	7	-	16	17	2	-	3	1	234	154	309	197	606
1974	3	1	11	6	61	25	10	-	26	18	1	-	3	1	272	183	376	245	621
1975	3	3	10	4	70	21	9	-	17	19	-	1	2	3	261	217	362	277	639
1976	14	4	16	5	86	29	8	-	20	21	9	4	1	-	356	258	502	329	831
1977	5	2	9	6	77	29	6	-	22	14	9	5	6	1	317	219	445	282	727
1978	-	2	3	2	75	27	2	-	34	19	9	4	5	1	311	202	437	258	695
1979	3	1	2	3	66	27	1	-	23	19	6	6	3	2	359	201	462	260	722
1980	3	1	6	4	88	39	3	-	5	10	3	3	3	2	386	228	494	296	790
1981	-	1	6	3	64	49	3	-	20	13	2	4	3	-	288	184	393	257	650
1982	2	-	2	-	95	63	-	-	14	14	2	1	-	1	225	137	341	214	555
1983	3	2	9	-	94	70	-	-	19	20	6	3	1	-	285	149	416	245	661
1984	-	-	-	-	-	-	-	-	-	-	-	-	-	-	-	-	-	-	-
1985	4	3	2	-	56	33	5	-	12	19	-	-	-	-	346	215	421	275	696
1986	-	-	-	-	-	-	-	-	-	-	-	-	-	-	-	-	452	241	693
1987	-	-	-	-	-	-	-	-	-	-	-	-	-	-	-	-	233	211	444

O número real de mortes ocorridas em Kadapa devido a várias doenças entre 1966-1985 é explicado no quadro 11. Muitas doenças como a varicela, a iterícia, o tétano, a poliomielite, o cancro, as mortes maternas, etc., causaram muitas mortes em Kadapa. Acidentes, febre e feridas também causaram mortes. Uma das principais causas de morte, especialmente entre as crianças, é a disenteria e a diarreia. Uma grande parte dos bebés e das crianças foi afetada por esta doença, que é um dos principais factores determinantes da elevada mortalidade infantil em Kadapa. No entanto, devido aos progressos da ciência médica, não foram registadas mortes por cólera, varíola e malária a partir de 1966. Além disso, os dados também revelam que as doenças respiratórias eram mais prevalentes nos homens do que nas mulheres. Os homens são mais susceptíveis devido à sua maior exposição ao mundo exterior. Foi também revelado que, a partir de 1971, as mortes devidas a ferimentos e acidentes são quase iguais entre homens e mulheres.

Factores que influenciam o crescimento da população

Factores socioculturais

Kadapa é dominada por dois grupos religiosos, os hindus e os muçulmanos. Apesar de estes dois grupos existirem desde o início, foram poucos os casos de violência comunitária. Em 1904 e 1962, registaram-se motins comunais notórios entre hindus e muçulmanos, especialmente no início do século XX.[th] Os governantes muçulmanos controlaram o distrito durante muitas décadas antes da ocupação da Companhia das Índias Orientais. Durante este período, os muçulmanos dominavam todas as actividades. Os incidentes de violência irromperam durante o festival Muharram. Os hindus, por costume e cortesia para com os muçulmanos, não celebravam as suas próprias festas nos seus templos e casas. No entanto, em 1904, os hindus tentaram quebrar esta prática, o que acabou por conduzir a confrontos entre estes dois grupos religiosos.

Também nas eleições gerais de 1962, o candidato muçulmano do Partido do Congresso foi derrotado pela primeira vez por um candidato independente. Este facto levou à insegurança política entre hindus e muçulmanos. A dimensão média das famílias em Kadapa também é elevada, ou seja, 5,5 filhos contra 4,4 filhos por família na Índia. Por conseguinte, os decisores políticos governamentais e os prestadores de cuidados de saúde têm de elaborar planos para reduzir a taxa de natalidade. Devem ser adoptadas algumas estratégias, como a promoção da adoção do planeamento familiar, programas de IEC sobre bem-estar familiar, saúde, nutrição e alfabetização, programas formais e não formais.

b) Controlo das epidemias

Devido aos progressos da ciência médica e à sensibilização para as questões de saúde pública, a prevalência e a frequência de epidemias como a peste, a cólera, a malária, etc., foram reduzidas. Este facto não só reduziu as taxas de mortalidade, como também melhorou o seu estado de saúde e a sua longevidade.

c) Migração - factores de atração e de repulsão

Devido à prática habitual, a imigração matrimonial feminina foi elevada a partir do recenseamento de 1901. A partir de 1921, é possível observar o impacto da migração no crescimento da população. O distrito de Kadapa é considerado um dos distritos mais atrasados do Estado. As instalações sanitárias, educativas e recreativas eram inadequadas, com falta de oportunidades de emprego. Exceto na cidade de Kadapa, as instalações eram inadequadas. Por este motivo, as pessoas das zonas rurais são atraídas para a cidade de Kadapa em busca de emprego, melhores instalações de ensino, meios de subsistência e pouco tempo. Este facto fez também aumentar o crescimento da população da cidade de Kadapa.

A distribuição da população por bairros e o aumento percentual em Kadapa entre 1961 e 2001 são apresentados no Quadro 3.12. Os dados revelam que, em 1961, a população era muito elevada na ala 3 (3 921), seguida das alas 20 (3 086), 1 (2 850) e 16 (2 722). A mesma tendência é observada no censo de 1971, com a população mais alta no distrito 3 (5.577), seguido pelo distrito 20 (4.894) e 1 (4740). No entanto, a população do distrito 7 aumentou de 2.617 em 1961 para 3.967 em 1971 e manteve a posição 3rd na ordem. A população total aumentou de 49.027 em 1961 para 66.295 em 1971.

Curiosamente, a ala 1 (10.996) tinha mais pessoas em 1981 (10.996). Nas últimas duas décadas, a ala 1 manteve a posição 3rd . Ultrapassando o distrito 3, o distrito 1 ocupou a posição 1st na ordem em 1981. As alas 3 (9.748), 20 (8.042) e 16 (6.670) eram as outras alas com maior número de pessoas. O mesmo padrão também foi encontrado em 1991.

Embora a população tenha aumentado em 2001, registaram-se algumas variações. A população é mais elevada na ala 3 (19 759), contra 1 no recenseamento de 1991, seguida das alas 1 (17,7 720) e 16 (10 071). A população da ala 16, que registou um aumento em 1991, também tinha um maior número de pessoas em 2001.

Quadro 3.12

Distribuição da população por bairros e aumento percentual em Kadapa entre 1961-2001

Wards	Population of Kadapa City											
	1961	1971	%	1971	1981	%	1981	1991	%	1991	2001	%
1	2,850	4,740	34.9	4,740	10,996	42.7	10,996	16,200	13.4	16,200	17,772	2.9
2	2,313	3,552	29.7	3,552	6,197	42.8	6,197	7,153	7.3	7,153	7,367	46.8
3	3,921	5,577	34.7	5,577	9,748	31.8	9,748	10,520	-0.4	10,520	19,759	12.1
4	1,937	2,965	10.3	2,965	4,349	19.4	4,349	4,332	3.0	4,332	3,864	21.1
5	2,270	2,532	18.5	2,532	3,142	26.5	3,142	3,240	8.6	3,240	2,675	0.6
6	2,256	2,768	34.0	2,768	3,767	34.9	3,767	4,120	19.8	4,120	4,144	-9.7
7	2,617	3,967	39.2	3,967	6,093	40.9	6,093	7,600	39.7	7,600	6,927	15.2
8	1,827	3,003	22.3	3,003	5,083	38.0	5,083	8,426	19.4	8,426	9,934	21.7
9	2,220	2,857	20.6	2,857	4,611	33.0	4,611	5,719	13.8	5,719	7,306	17.1
10	2,620	3,301	20.6	3,301	4,930	24.7	4,930	5,719	7.9	5,719	6,899	9.2
11	2,581	3,250	13.7	3,250	4,314	19.1	4,314	4,685	-4.0	4,685	5,157	-3.3
12	2,182	2,528	2.0	2,528	3,124	23.3	3,124	3,003	10.6	3,003	2,906	39.5
13	2,028	2,069	28.0	2,069	2,697	43.7	2,697	3,017	12.9	3,017	2,163	16.8
14	2,227	3,093	18.3	3,093	5,498	26.9	5,498	6,313	-3.2	6,313	7, 593	0.1
15	2,157	2,641	26.1	2,641	3,611	44.8	3,611	3,500	27.5	3,500	3,502	8.6
16	2,722	3,681	12.7	3,681	6,670	19.1	6,670	9,202	12.0	9,202	10,071	-1.2
17	1,870	2,142	27.8	2,142	2,648	22.5	2,648	2,365	-3.6	2,365	2,337	-7.3
18	1,735	2,402	13.6	2,402	3,098	2.1	3,098	2,991	9.8	2,991	2,787	11.7
19	1,721	1,992	36.9	1,992	2,034	39.1	2,034	2,256	7.5	2,256	2,020	-4.1
20	3,086	4,894	18.1	4,894	8,042	10.9	8,042	8,692	22.8	8,692	8,349	-5.9
21	1,887	2,303	26.0	2,303	2,585	35.7	2,585	2,105	15.1	2,105	1,988	4.0

Fonte: Censos de Andhra Pradesh, 1961-2001, Livro de Recenseamento Distrital, Distrito de Cuddapah, Governo de Andhra Pradesh, Hyderabad

Tendências centrípetas do crescimento demográfico

O padrão de distribuição da população de qualquer cidade ou lugar pode não ser uniforme, ou seja, as pessoas não se distribuem igualmente em todos os anos. Nalgumas cidades, como na Índia e noutros países ocidentais, pode haver menos crescimento populacional na zona central do que nas zonas periféricas. Isto deve-se ao facto de a maioria das pessoas se deslocar das zonas centrais para as zonas periféricas. Assim, para conhecer a tendência da distribuição da população nas diferentes freguesias da cidade de Kadapa, foi feita uma tentativa de conhecer as suas tendências de 1961 a 2001.

Durante 2006-2011, podemos encontrar o maior crescimento populacional na ala (225,2 percentagem) (Quadro 3.13). Podemos observar um aumento de mais de três vezes na população. A ala 17 (80,9 por cento) teve um aumento significativo durante o período de 5 anos, seguida pelas alas 47 (77,4 por cento), 49 (73,9 por cento) e 48 (63,1 por cento) (Fig. 3.12). A população da ala 3 da periferia aumentou tremendamente devido às mudanças e à fusão com as panchayaties e aldeias circundantes durante o período da corporação. Aqui desenvolveram-se algumas áreas residenciais como apartamentos, as povoações estão bem desenvolvidas e também as áreas periféricas da cidade estão mais preparadas para as condições de vida.

78° 46′
78° 54′
14° 33′
14° 25′
Distribution of Population by wards
in Kadapa Municipal Corporation - 2006-2011
N
LEGEND
< 20
41 - 60
> 80
21 - 40
61 - 80
HT

Fig. 3.12

Quadro 3.13

Distribuição da população por freguesias em 2006 - 2011

Ward No	2006	2011	(increase percentage 2006 to 2011	Ward No	2006	2011	(increase percentage 2006 to 2011
1	5896	6707	13.8	26	5508	4927	-10.5
2	4746	6683	40.8	27	4671	7196	54.1
3	5198	16904	225.2	28	5289	5430	2.7
4	5198	7178	38.1	29	5245	7065	34.7
5	5448	7223	32.6	30	4735	5278	11.5
6	5639	4340	-23.0	31	4663	6138	31.6
7	5480	6497	18.6	32	4777	5090	6.6
8	5605	7189	28.3	33	4958	6641	33.9
9	5403	6663	23.3	34	4754	6345	33.5
10	5037	5430	7.8	35	5525	6402	15.9
11	5461	6875	25.9	36	5539	5697	2.9
12	5092	6884	35.2	37	4673	6635	42.0
13	5597	7970	42.4	38	4889	6563	34.2
14	5159	6124	18.7	39	5234	6680	27.6
15	5488	8135	48.2	40	4756	7234	52.1
16	5370	5145	-4.2	41	5223	5532	5.9
17	4806	8696	80.9	42	4683	6830	45.8
18	5399	5529	2.4	43	4661	5760	23.6
19	5134	6457	25.8	44	4861	7736	59.1
20	5235	6538	24.9	45	4892	9120	86.4
21	5088	5740	12.8	46	5527	8636	56.3
22	5066	7428	46.6	47	4930	8746	77.4
23	4988	5263	5.5	48	4702	7668	63.1
24	5283	2720	-48.5	49	5386	9364	73.9
25	4751	5367	13.0	50	5181	7483	44.4
				Total	**256829**	**3,39,881**	**32.3**

O quadro 3.14 revela a densidade populacional de Kadapa de 1881 a 2001. Em 1881, a densidade da cidade de Kadapa era de 3 657 pessoas por 5,190 km2 . Esta densidade diminuiu para 3 166 pessoas em 1901. No ano de 1911, registou-se um aumento da densidade populacional para 3 431 pessoas. Esta tendência de aumento manteve-se até

Em 1951, o número de pessoas por quilómetro quadrado era de 7 213. Em 1961, registou-se um ligeiro declínio para 7 168 pessoas por 6,84 km2. A densidade aumentou três vezes entre 1881 e 1977. Durante 1981 e 1991, a densidade aumentou fenomenalmente para 15.076 e 17.757 pessoas por 6,84 km2.

Curiosamente, a densidade diminuiu drasticamente para 18.494 pessoas no censo de 2001. A densidade aumentou de 1881 a 1961, o que pode dever-se ao aumento da população. Devido ao aumento da área da cidade de Kadapa de 5,19 km2 para 6,84 km2, podemos observar um declínio da densidade em 1961. O aumento percentual continuou até 1951. Contudo, em 1961, registou-se um ligeiro declínio de 0,62% e, mais uma vez, a tendência de crescimento continuou, atingindo um aumento de 35,80% em 1981. No entanto, apenas um pequeno aumento percentual de 1,38 e 4,15 foi observado nos censos de 1991 e 2001. No ano de 2011, registou-se uma diminuição da densidade populacional para 2 072 pessoas por 164,07 km2 . A diminuição percentual foi de 1,64 no ano de 2011, respetivamente (Fig. 3.13).

Densidade da população em Kadapa em mais de um século, entre 1881 e 2011

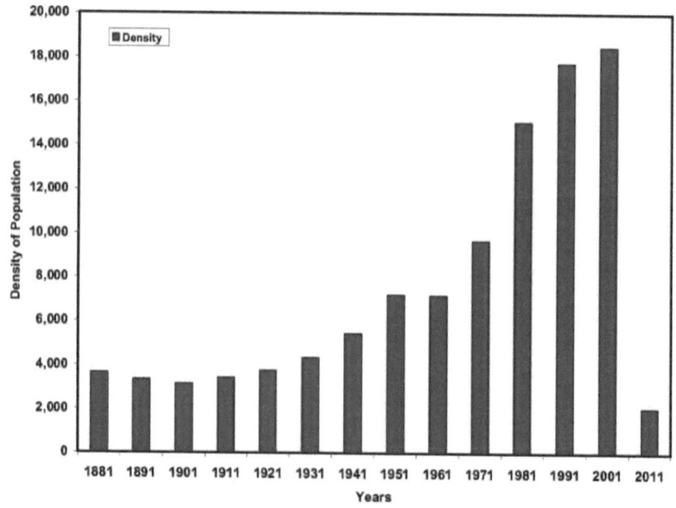

Fig. 3.13

Quadro 3.14

Densidade da população em Kadapa em mais de um século , entre 1881 e 2001

Year	Area in sq.km	Population	Density of Population
1881	5.190	18,982	3,657
1891	5.190	17,379	3,349
1901	5.190	16,432	3,166
1911	5.190	17,807	3,431
1921	5.190	19,517	3,761
1931	5.190	22,602	4,355
1941	5.190	28,246	5,442
1951	5.190	37,438	7,213
1961	6.84	49,027	7,168
1971	6.84	66,195	9,677
1981	6.84	1,03,125	15,076
1991	6.84	1,21,463	17,757
2001	6.84	1,26,505	18,494
2011	164.07	3,39,881	2072

Fonte: Censos de Andhra Pradesh de 1961, 1971, 1981, 1991, 2001 e 2011, Livro de Mão do Distrito, Distrito de Kadapa, Andhra Pradesh.

Análise espacial da densidade populacional em 1981

A análise espacial da densidade populacional em Kadapa mostra que a área total da cidade de Kadapa é de (6,84 km2) em 2001. A média da população de Kadapa era de 64 pessoas em 1981, tendo aumentado para 75 pessoas em 1991 e para 78 pessoas em 2001. A densidade de Kadapa varia entre 22 pessoas por acre e 239 pessoas por acre em 1981. Toda a área está dividida em 21 bairros e agrupada em zonas periféricas, intermédias e interiores ou centrais para avaliar as tendências da densidade populacional. As zonas 1, 2, 3, 4, 7, 8, 9, 10, 11, 14, 16 e 20 constituem as zonas periféricas, as zonas 5, 6, 12, 15 e 18 são agrupadas como zonas de categoria média e as zonas 13, 7, 19 e 21 são zonas interiores ou centrais. As zonas periféricas 7 e 6,15 e 18 da zona intermédia têm uma densidade mais elevada do que a densidade média da cidade de Kadapa. As zonas periféricas e intermédias têm uma densidade mais elevada do que as zonas interiores. (Tabela nº 3.15)

Quadro n.o 3.15

Densidade da população em Kadapa 1981

Ward No.	Population	Area in Acres	Density
1	10336	462.44	22
2	6197	108.15	57
3	9748	121.24	80
4	4349	48. 87	89
5	3142	24.00	131
6	3787	20.10	188
7	6093	46.76	130
8	5800	105.75	55
9	4611	104.21	44
10	4930	100.91	49
11	4134	53.25	78
12	3124	18.65	168
13	2697	12.00	225
14	5498	84.50	65
15	3611	15.10	239
16	6670	135.10	49
17	2648	12.40	214
18	3089	14.34	215
19	2034	16.77	121
20	8042	139.20	58
21	2585	28.22	92
Total	**103125**	**1623.09**	64

Quadro n.o 3.16

Densidade da população em Kadapa 1991

Ward No.	Population	Area in Acres	Density
1	16197	462.44	35
2	7165	108.15	66
3	10534	121.24	87
4	4336	48. 87	89
5	3260	24.00	136
6	4120	20.10	205
7	7601	46.76	163
8	8425	105.75	80
9	5721	104.21	55
10	5910	100.91	59
11	4686	53.25	88
12	3003	18.65	161
13	3024	12.00	252
14	6365	84.50	75
15	3500	15.10	232
16	9206	135.10	68
17	2366	12.40	191
18	2991	14.34	209
19	2255	16.77	134
20	8697	139.20	62
21	2101	28.22	74
Total	**121463**	**1623.09**	**75**

Em 1991, a distribuição da população sofreu muitas alterações entre os bairros. As médias totais da área municipal têm 75 pessoas neste período. As maiores densidades são encontradas nas alas 13 (252), 15 (232), 18 (209) e 6 (205), respetivamente. As densidades mais baixas são observadas nos bairros 1 (35), 9 (55), 10 (59) e 20 (62). Neste caso, o padrão espacial do centro da cidade tem uma densidade elevada. (Tabela No. 3.16).

Quadro n.o 3.17

Densidade da população em Kadapa 2001

Ward No.	Population	Area in Acres	Density
1	17772	462.44	38
2	7367	108.15	68
3	10759	121.24	89
4	3864	48. 87	79
5	2675	24.00	111
6	4144	20.10	206
7	6927	46.76	148
8	9934	105.75	94
9	7306	104.21	70
10	6899	100.91	68
11	5157	53.25	97
12	2906	18.65	156
13	2168	12.00	181
14	7593	84.50	90
15	3502	15.10	232
16	10071	135.10	75
17	2337	12.40	188
18	2787	14.34	194
19	2020	16.77	120
20	8349	139.20	60
21	1968	28.22	70
Total	**126505**	**1623.09**	78

O quadro supra mostra os pormenores da densidade populacional por bairro em 2001 (quadro 3.17). A análise espacial da densidade populacional em Kadapa mostra que a área total da cidade de Kadapa era de (1623,09 acres) em 2001. A média da densidade populacional total é de 78 pessoas por hectare. A distribuição da população era elevada nos bairros 15 (232), 6 (206), 18 (194), 17 (188) e 13 (181) . Aqui se encontram as altas densidades populacionais e também são áreas bem desenvolvidas. As densidades populacionais mais baixas foram observadas apenas no bairro 1 (38).

O quadro 3.18 mostra as densidades por ala em 2006. Devido às divisões municipais e à inclusão de aldeias circundantes, que se fundiram com a cidade, as alas aumentaram de 21 em 2006 para 50. Por conseguinte, foi feita uma tentativa de estudar as densidades por ala. A distribuição da população tem muitas variações entre os bairros. A distribuição não é uniforme, é desigual, com um grande número de habitantes em uma ou duas alas e uma proporção muito pequena de população em algumas alas, o que pode ser devido às instalações, ao acesso à comunicação e às instalações de educação e saúde disponíveis nessas alas. As densidades mais elevadas foram observadas nas zonas 45 (400), 23 (220) e 29 (208). As densidades mais baixas foram observadas nas alas 15 (4), 50 (4), pessoas por quilómetro quadrado e 5 pessoas por quilómetro quadrado nas alas 1, 2, 3 e 49. Cerca de 11 bairros tinham apenas um dígito de população. A densidade mais baixa foi registada nos bairros 1, 2 e 3.

Quadro 3.18

Detalhes das densidades por bairro em 2006

Ward No	Population	Area in Hec	Density	Ward No	Population	Area in Hec	Density
1	5896	1174.25	5	26	5508	54	102
2	4746	975.16	5	27	4671	92.12	51
3	5198	990.00	5	28	5289	80	66
4	5198	700	7	29	5245	25.21	208
5	5448	350	16	30	4735	116.25	41
6	5639	400	14	31	4663	110.25	42
7	5480	27.12	202	32	4777	95	50
8	5605	34.12	164	33	4958	105	47
9	5403	150	36	34	4754	24.75	192
10	5037	500	10	35	5525	60	92
11	5461	29.13	187	36	5539	70	79
12	5092	580	9	37	4673	305.23	15

Ward No	Population	Area in Hec	Density	Ward No	Population	Area in Hec	Density
13	5597	40.15	139	38	4889	305.26	16
14	5159	92.35	56	39	5234	125	42
15	5488	1331.23	4	40	4756	120	40
16	5370	600	9	41	5223	98.24	53
17	4806	865.23	6	42	4683	105	45
18	5399	520	10	43	4661	90	52
19	5134	300	17	44	4861	314.2	15
20	5235	360	15	45	4892	12.24	400
21	5088	106.32	48	46	5527	45.21	122
22	5066	115	44	47	4930	390	13
23	4988	22.64	220	48	4702	490	10
24	5283	79	67	49	5386	1126.3	5
25	4751	534.15	9	50	5181	1245.31	4
				Total	**256829**	**16480.42**	**16**

As densidades por bairro da cidade de Kadapa em 2011 apresentam no quadro 3.19 algumas caraterísticas interessantes. A ala 45 tinha a densidade mais elevada (745), com cerca de 400 pessoas por quilómetro quadrado em 2006, tendo registado um aumento de quase 90 % num curto período de cinco anos, de 2006 a 2011. Seguiram-se os bairros 29 (280), 34 (256) e 7 (240). Estas alas tornaram-se melhores áreas residenciais e registaram um aumento da população. A densidade mais baixa é observada nas alas 50, 49, 16, 25 e 17.

A densidade populacional tem mostrado uma tendência centrípeta, reflectindo a tendência de deslocação da população para as periferias da cidade, para se afastar da sobrelotação, dos engarrafamentos de trânsito e dos ambientes insalubres das zonas centrais e para viver numa atmosfera pacífica e estética nas zonas centrais e periféricas da cidade (Fig. 3.14).

78° 46′
78° 54′
14° 33′
Density of Population in Kadapa Municipal Corporation - 2006
N
LEGEND
(Persons / Hectares)
< 10
31 - 50
> 70
11 - 30
51 - 70
HT
14° 25′

Fig. 3.14

Quadro 3.19

Detalhes das densidades por bairro 2011

Ward No	Population	Area in Hec	Density	Ward No	Population	Area in Hec	Density
1	6707	1174.25	6	26	4927	54	91
2	6683	975.16	7	27	7196	92.12	78
3	16904	990	17	28	5430	80	68
4	7178	700	10	29	7065	25.21	280
5	7223	350	21	30	5278	116.25	45
6	4340	400	11	31	6138	110.25	56
7	6497	27.12	240	32	5090	95	54
8	7189	34.12	211	33	6641	105	63
9	6663	150	44	34	6345	24.75	256
10	5430	500	11	35	6402	60	107
11	6875	29.13	236	36	5697	70	81
12	6884	580	12	37	6635	305.23	22
13	7970	40.15	199	38	6563	305.26	21
14	6124	92.35	66	39	6680	125	53
15	8135	1331.23	6	40	7234	120	60
16	5145	600	9	41	5532	98.24	56
17	8696	865.23	10	42	6830	105	65
18	5529	520	11	43	5760	90	64
19	6457	300	22	44	7736	314.2	25
20	6538	360	18	45	9120	12.24	745
21	5740	106.32	54	46	8636	45.21	191
22	7428	115	65	47	8746	390	22
23	5263	22.64	232	48	7668	490	16
24	2720	79	34	49	9364	1126.3	8
25	5367	534.15	10	50	7483	1245.31	6
				Total	**339881**	**16480.42**	**21**

Densidade de casas residenciais

O quadro 3.20 revela a densidade de casas de habitação por bairros na cidade de Kadapa em 1991 e 2001. As casas de habitação são mais numerosas nas alas 1, 3, 8 e 16 em ambos os períodos de recenseamento e muito menos nas alas 5, 6, 15 e 18 nos períodos de recenseamento de 1991 e 2001. Embora se registe um aumento da densidade semelhante ao da população, observou-se um padrão mais ou menos semelhante nas zonas. A densidade mais elevada foi registada em 13 (53,33 e 66,5), 17 (50,00 e 56,21), 19 (47,88 e 53,37) e 18 (38,63 e 43,17) entre 1991 e 2001. As estatísticas mostram que há um aumento no número de casas residenciais em todos os bairros. No entanto, observou-se um aumento significativo no bairro nº 3, de 1568 para 1873 habitações entre 1991 e 2001. Também se registaram diferenças semelhantes nos bairros 8, 1 e 10.

A ala n.º 1 tem mais área (462,44 acres), seguida de 20 (139,20 acres), 16 (135,10 acres) e 3 (121,24 acres). O aumento percentual da densidade por acre é maior na ala 13, de 53,33 para 66,5%. Do mesmo modo, as alas 13, 17 e 19 também registaram um aumento notável da densidade por hectare. Este aumento da densidade nas zonas residenciais periféricas das zonas 13 e 19, na zona 18 da categoria intermédia e na zona 13 das zonas interiores, uma vez que estes locais são os mais adequados, com todas as instalações básicas necessárias para a habitação humana na cidade de Kadapa. No entanto, as zonas 2, 10, 16 e 20 registaram o menor aumento da densidade populacional.

78° 46′
78° 54′
14° 33′
14° 25′
Kadapa Municipality ward wise density - 2011
N
LEGEND
<10
31 - 50
> 70
11 - 30
51 - 70

Fig. 3.15

Quadro 3.20

Densidade de habitações residenciais por bairros na cidade de Kadapa em 1991 e 2001

Ward No	Number of Residential houses		Area in Acres	Density per Acre	
	1991	2001		1991	2001
1	2771	2987	462.44	5.99	6.46
2	1084	1236	108.15	10.03	11.43
3	2220	2543	121.24	18.31	20.98
4	802	962	48. 87	16.41	19.69
5	542	597	24.00	22.58	24.88
6	448	521	20.10	22.59	25.92
7	1122	1321	46.76	23.98	28.25
8	1568	1873	105.75	14.83	17.71
9	854	933	104.21	8.20	8.95
10	1099	1311	100.91	10.89	12.99
11	807	971	53.25	15.15	18.23
12	459	572	18.65	24.61	30.67
13	640	798	12.00	53.33	66.5
14	826	924	84.50	9.78	10.93
15	469	526	15.10	31.06	34.83
16	1308	1428	135.10	9.68	10.57
17	620	697	12.40	50.00	56.21
18	554	619	14.34	38.63	43.17
19	803	895	16.77	47.88	53.37
20	1225	1421	139.20	8.88	10.21
21	685	729	28.22	24.27	25.83

Fonte : Chief Planning Officer, Kadapa Municipal Corporatation, Kadapa.

Perfil demográfico por bairro

Os pormenores demográficos da cidade de Kadapa em 1961 são explicados no quadro 3.21 A ala 3 tinha a população mais elevada (3921), seguida da ala 20 (3086) e da ala 1 (2850). A população total da cidade de Kadapa era de 49 027, constituindo 25377 homens e 23650 mulheres em 1961. Os mesmos padrões foram observados também nas taxas de literacia. Os mesmos bairros 3, 20 e 1 tinham o maior número de alfabetizados. Os bairros 19 e 18 tinham a população mais baixa, enquanto os bairros 8, 16 e 9 tinham um número muito inferior de alfabetizados.

Quadro 3.21

Dados demográficos dos bairros da cidade de Kadapa 1961

Ward No	Population		Total Population	Literates		
	Male	Female		Male	Female	Total
1	1538	1312	2850	969	413	1382
2	1247	1066	2313	871	358	1229
3	2041	1880	3921	1320	744	2064
4	982	955	1937	589	318	907
5	1159	1111	2270	788	653	1441
6	1137	1119	2256	663	395	1058
7	1366	1251	2617	712	419	1131
8	918	909	1827	372	94	466
9	1141	1079	2220	508	219	727
10	1317	1303	2620	681	304	985
11	1356	1225	2581	747	268	1015
12	1123	1059	2182	670	336	1006
13	1120	908	2028	745	374	1119
14	1121	1106	2227	551	244	795
15	1074	1083	2157	551	269	820
16	1409	1313	2722	522	123	645
17	998	872	1870	670	293	963
18	862	873	1735	569	274	843
19	917	804	1721	556	332	888
20	1578	1508	3086	996	630	1626
21	973	914	1887	588	446	1034
Total	**25377**	**23650**	**49027**	**14638**	**7506**	**22144**

Os pormenores demográficos da cidade de Kadapa em 1971 revelam que (Quadro n.º 3.22) os bairros que tinham a população mais elevada em 1961 também mantiveram a liderança em 1971. A população é maior nos bairros 3 (5577), 20 (4894) e 1 (4740) e menor nos bairros 19 (1991), 17 (2142) e 21 (2303). Um padrão semelhante foi observado nas taxas de alfabetização, com as mesmas alas a manterem taxas de alfabetização mais elevadas. As taxas de alfabetização mais baixas foram observadas nas alas 8 (839), 19 (969) e 15 (1120).

Quadro 3.22

Dados demográficos dos bairros da cidade de Kadapa 1971

Ward No	Population		Total Population	Literates		
	Male	Female		Male	Female	Total
1	2606	2134	4740	1949	899	2848
2	1881	1671	3552	1364	765	2129
3	2911	2666	5577	2158	1298	3456
4	1617	1348	2965	1051	593	1644
5	1285	1247	2532	913	570	1483
6	1409	1359	2768	796	493	1289
7	2077	1890	3967	1016	628	1644
8	1519	1484	3003	624	215	839
9	1483	1374	2857	778	360	1138
10	1701	1600	3301	1015	562	1577
11	1677	1573	3250	1057	540	1597
12	1295	1231	2526	897	619	1516
13	1080	989	2069	785	427	1212
14	1579	1514	3093	1031	540	1571
15	1344	1297	2641	709	411	1120
16	1848	1773	3621	867	309	1176
17	1121	1021	2142	831	554	1385
18	1214	1188	2402	856	590	1446
19	1050	942	1992	655	314	969
20	2476	2418	4894	1859	1345	3204
21	1189	1114	2303	532	671	1203
Total	**34362**	**31833**	**66195**	**21743**	**12703**	**34446**

O recenseamento de 1981 (quadro n.º 3.23) revela algumas alterações interessantes no perfil demográfico da cidade de Kadapa, em termos de ala. A ala 1, que manteve a terceira posição na população total nas duas últimas décadas, registou um aumento fenomenal no recenseamento de 1981, com um aumento da população de 4740 no recenseamento anterior para 10336. Mudanças semelhantes foram também registadas no bairro 3 (9748) e no bairro 20 (8042). Em geral, a população total aumentou de 66195 em 1971 para 1 03 125. Embora tenha havido um aumento no número de alfabetizados, as mesmas alas 1, 3 e 20 mantiveram a liderança. A ala 19 manteve o mesmo perfil demográfico com a população mais baixa. No entanto, a ala 21 registou uma melhoria para 2585 e a ala 17 passou para a ordem seguinte. Relativamente à literacia, a ala 3 manteve a liderança (6605), seguida da ala 1 (6023) e da ala 20 (5035). A taxa de alfabetização da ala 1 aumentou em comparação com o censo anterior.

Quadro 3.23

Dados demográficos dos bairros da cidade de Kadapa 1981

Ward No	Population		Total Population	Literates		
	Male	Female		Male	Female	Total
1	5646	4690	10336	3900	2123	6023
2	3269	2928	6197	2266	1277	3543
3	5028	4720	9748	3908	2697	6605
4	2216	2133	4349	1467	1032	2499
5	1594	1548	3142	1043	1070	2113
6	1893	1894	3787	1281	904	2185
7	3174	2919	6093	1559	971	2530
8	3018	2782	5800	1293	570	1863
9	2382	2229	4611	1374	565	1939
10	2479	2451	4930	1577	1025	2602
11	2095	2039	4134	1114	654	1768
12	1602	1522	3124	1113	717	1830
13	1433	1264	2697	1040	751	1791
14	2817	2681	5498	1622	949	2571
15	1815	1796	3611	1042	635	1677
16	3429	3241	6670	1599	793	2392

Ward No	Population		Total Population	Literates		
	Male	Female		Male	Female	Total
17	1364	1284	2648	1074	773	1847
18	1575	1514	3089	1196	851	2047
19	1074	960	2034	830	526	1356
20	4151	3891	8042	2939	2096	5035
21	1398	1187	2585	982	742	1724
Total	**53452**	**49673**	**103125**	**34219**	**21721**	**55940**

Quadro 3.24

Dados demográficos dos bairros da cidade de Kadapa 1991

Ward No	Population		Total Population	Literates		
	Male	Female		Male	Female	Total
1	8585	7612	16197	6350	4314	10664
2	3675	3490	7165	2729	1920	4649
3	5364	5170	10534	4308	3363	7671
4	2129	2207	4336	1565	1322	2887
5	1723	1537	3260	1350	1125	2475
6	2120	2000	4120	1496	1117	2613
7	3847	3754	7601	2326	1559	3885
8	4244	4181	8425	2213	1380	3593
9	2907	2814	5721	1706	1030	2736
10	2965	2945	5910	1949	1412	3361
11	2350	2336	4686	1549	1166	2715
12	1540	1463	3003	1172	873	2045
13	1595	1429	3024	1267	918	2185
14	3199	3166	6365	1960	1435	3395
15	1761	1739	3500	1179	833	2012
16	4701	4505	9206	2330	1381	3711
17	1200	1166	2366	983	813	1796
18	1511	1480	2991	1111	809	1920
19	1190	1065	2255	860	538	1398
20	4337	4360	8697	3433	2858	6291
21	1069	1032	2101	770	604	1374
Total	**62012**	**59451**	**121463**	**42606**	**30770**	**73376**

Os dados demográficos do recenseamento de 1991 (Tabela 3.24) revelam uma população de 1.21.463 habitantes em 1991. A população mais elevada foi observada na ala 1 (16197), seguida da ala 3 (10534). No entanto, a ala 16 (9206) registou um enorme aumento de 9206 em relação aos 6670 de 1981. A ala 19 continuou a ter a população mais baixa. Em termos de alfabetização, a ala 3 assumiu a liderança (6605) em relação à 1 (10664) e manteve o número mais elevado de alfabetizados, seguida pelas alas 3 (7671) e 20 (6291). O número mais baixo de alfabetizados registou-se na ala 21 (1374).

Quadro 3.25

Dados demográficos dos bairros da cidade de Kadapa 2001

Ward No	Population		Total Population	Literates		
	Male	Female		Male	Female	Total
1	9025	8747	17772	7272	3805	3467
2	3708	3659	7367	1916	1034	882
3	5241	5518	10759	10174	5532	4642
4	1799	2065	3864	12528	6635	5893
5	1431	1244	2675	6496	3620	2876
6	2080	2064	4144	2645	1504	1141
7	3470	3457	6927	4550	2440	2110
8	5033	4901	9934	985	531	454
9	3686	3620	7306	2744	1497	1247
10	3517	3382	6899	3088	1662	1426
11	2596	2561	5157	1412	803	609
12	1464	1442	2906	2597	1394	1203
13	1070	1098	2168	1620	883	737
14	3863	3730	7593	1261	713	548
15	1765	1737	3502	2689	1508	1181
16	5131	4940	10071	2021	1065	956
17	1205	1132	2337	355	200	155
18	1386	1401	2787	1718	952	766
19	1034	986	2020	3039	1773	1266
20	4174	4175	8349	2536	1438	1098
21	991	977	1968	947	531	416
Total	**63669**	**62836**	**126505**	**72593**	**39520**	**33073**

Os dados do recenseamento de 2001 da cidade de Kadapa (quadro 3.25) revelaram que o bairro 1 tinha a população mais elevada (17 772), seguido do 3 (10759) e do 16 (10071). No entanto, o distrito 16, que tinha apenas 9206 habitantes em 1991, registou um aumento para 10071. A população mais baixa é a do bairro 21 (1968), tal como no recenseamento anterior. A população total é de 126505, um aumento de 5042 membros em relação ao censo anterior. No que diz respeito à alfabetização, a ala 8 assumiu a liderança (985) em relação à 10 (1426) e manteve o número mais elevado de alfabetizados, seguida das alas 10 (1426) e 17 (155).

O quadro 3.26 apresenta os dados demográficos relativos aos bairros da cidade de Kadapa em 2011. O número de bairros aumentou de 21 para 50. Por conseguinte, registaram-se muitas alterações em relação ao censo anterior. A ala 3 tem a população mais elevada (16904), mesmo no censo recente, com uma população de 5896 habitantes, seguida das alas 6 (5639) e 8 (5605). Contudo, a população é mais baixa na ala 43 (4661), seguida da ala 27 (4671). A população total de Kadapa aumentou de 1.26.505 no censo de 2001 para 3.39.881. Os números relativos à alfabetização revelam que a alfabetização mais elevada é de 7781 na ala 1, seguida da ala 42. Os números relativos à literacia são também relativamente melhores nos bairros 38, 41 e 3. As taxas de alfabetização mais baixas encontram-se na ala 27, seguida da 26, 23 e 35.

Quadro 3.26

Dados demográficos dos bairros da cidade de Kadapa 2011

Ward No	Population		Total Population	Literates		
	Male	Female		Male	Female	Total
1	3521	3186	6707	16487	8706	7781
2	3863	2820	6683	6396	3303	3093
3	9110	7794	16904	8329	4294	4035
4	4315	2863	7178	2915	1549	1366
5	3726	3497	7223	1919	1036	883
6	2231	2109	4340	3152	1659	1493
7	3939	2558	6497	4974	2698	2276
8	4156	3033	7189	8130	4419	3711
9	3368	3295	6663	5811	3177	2634
10	2717	2713	5430	5201	2747	2454
11	3447	3428	6875	4109	2237	1872
12	3493	3391	6884	2193	1191	1002

Ward No	Population		Total Population	Literates		
	Male	Female		Male	Female	Total
13	3989	3981	7970	1695	878	817
14	3068	3056	6124	6272	3350	2922
15	4076	4059	8135	2628	1392	1236
16	2573	2572	5145	6751	3720	3031
17	4348	4348	8696	1879	1014	865
18	2845	2684	5529	2164	1148	1016
19	3230	3227	6457	1301	756	545
20	3275	3263	6538	6241	3331	2910
21	2886	2854	5740	1396	722	674
22	3713	3715	7428	501	259	242
23	2671	2592	5263	271	153	118
24	1366	1354	2720	314	175	139
25	2774	2593	5367	359	213	146
26	2563	2364	4927	205	114	91
27	3602	3594	7196	193	111	82
28	2596	2834	5430	399	227	172
29	3537	3528	7065	452	283	169
30	2638	2640	5278	960	562	398
31	3072	3066	6138	1107	601	506
32	2546	2544	5090	1067	616	451
33	3321	3320	6641	407	237	170
34	3189	3156	6345	636	353	283
35	3226	3176	6402	322	195	127
36	2963	2734	5697	7039	3932	3107
37	3328	3307	6635	7174	3981	3193
38	3415	3148	6563	10997	5860	5137
39	3345	3335	6680	7272	3805	3467
40	3610	3624	7234	1916	1034	882
41	2773	2759	5532	10174	5532	4642
42	3413	3417	6830	12528	6635	5893
43	2881	2879	5760	6496	3620	2876
44	3865	3871	7736	2645	1504	1141
45	4558	4562	9120	4550	2440	2110
46	4320	4316	8636	985	531	454
47	4375	4371	8746	2744	1497	1247
48	3934	3734	7668	3088	1662	1426
49	4695	4669	9364	1412	803	609
50	3746	3737	7483	2597	1394	1203
Total	**174211**	**165670**	**339881**	**188753**	**101656**	**87097**

De um modo geral, o perfil demográfico da cidade de Kadapa mostrou que a população da cidade está a aumentar fenomenalmente desde 1951. O governo tem de implementar rigorosamente políticas e programas de redução da população para evitar os problemas de urbanização devido à sobrelotação.

CAPÍTULO 4

ALTERAÇÕES DA UTILIZAÇÃO DOS SOLOS NA CORPORAÇÃO MUNICIPAL DE KADAPA

INTRODUÇÃO

Uma nação moderna, tal como uma empresa moderna, deve dispor de informação adequada sobre muitos aspectos complexos e inter-relacionados das suas actividades para poder tomar decisões. O uso do solo é apenas um desses aspectos, mas o conhecimento sobre o uso e a ocupação do solo tem-se tornado cada vez mais importante à medida que a Nação planeia ultrapassar os problemas do desenvolvimento aleatório e descontrolado, da deterioração da qualidade ambiental, da perda de terras agrícolas de primeira qualidade, da destruição de zonas húmidas importantes e da perda de habitat de peixes e animais selvagens. Os dados sobre a utilização dos solos são necessários para a análise dos processos e problemas ambientais que devem ser compreendidos para que as condições e padrões de vida possam ser melhorados ou mantidos aos níveis actuais.

A importância do ordenamento do território consiste em orientar a utilização simultânea do solo e de todos os recursos ambientais disponíveis e em conservá-los para o futuro. O recurso terra ocupa um papel importante no desenvolvimento nacional, como se depreende da declaração feita pela primeira-ministra Indira Gandhi no ano em que afirmou: "Não podemos continuar a dar-nos ao luxo de negligenciar os nossos recursos naturais mais importantes. Não se trata apenas de um problema ambiental, mas de um problema que afecta o futuro do nosso país. A questão que se coloca é a de saber se o nosso solo será suficientemente rico para sustentar uma população de mil milhões de pessoas até ao final deste século, com padrões de vida mais elevados do que os actuais.

Utilização do solo

O uso do solo é a utilização da superfície de todas as terras desenvolvidas e vagas num espaço específico, num determinado momento. Os terrenos são utilizados para culturas, florestas, pastagens, minas, transportes e jardins, terrenos residenciais, recreativos, industriais e comerciais. O uso do solo também está relacionado com a conservação do solo de uma utilização principal para outra utilização geral. O uso da terra muda de acordo com a evolução das necessidades do homem. Stamp classificou as necessidades do homem em seis grandes categorias, a saber, as necessidades de trabalho, casa, alimentação, transportes, comunicações, defesa e lazer. A terra é a expressão de uma variedade de caraterísticas topográficas, de drenagem natural e de bacias, juntamente com florestas sempre verdes, caducifólias e mistas e um tapete macio de ervas altas, pequenas, húmidas e secas. No seu esforço para utilizar a terra, o homem deu-lhe usos corretos, usos incorrectos, subutilizações e sobreutilizações. Quando a terra é dada a um determinado uso, o interesse de outros usos pode ser ignorado. As fábricas estão localizadas sem ter em conta o valor agrícola da terra. Até mesmo o crescimento das cidades, na maioria dos casos, ocorre em terras agrícolas ricas.

A ideia de representar o uso da terra num mapa foi concebida pela primeira vez por Saucer (1919). Os estudos sobre o uso do solo assumiram um maior significado académico e prático, especialmente após as brilhantes contribuições de Barker (1923) nos Estados Unidos da América, D.L. Stamp (1930) na Grã-Bretanha e Bucks (1937) na China. O conceito de uso do solo foi definido como "O uso do solo como um todo deve ser utilizado de forma a satisfazer o maior número possível de necessidades e desejos legítimos do povo, a nação como um todo".

O aumento da população e a evolução das necessidades do homem exigem uma revisão da utilização das terras. A revisão é feita através do método de tentativa e erro, que deixa o seu rasto de sucesso e fracasso. O sucesso do planeamento nacional depende da utilização adequada da terra. Um dia, no nosso país, um programa planeado determinará o padrão de utilização da terra e, aí, não só as colheitas e os animais domesticados, mas também outras coisas indirectas serão determinadas pelo planeamento consciente do homem e pela utilização da terra. A procura de terras muda em função da evolução das necessidades da sociedade.

Os recursos terrestres desempenham um papel estratégico na determinação do progresso económico, social e cultural do homem, como o demonstra a história económica de diferentes nações. Entre os recursos da terra, os recursos agrícolas têm desempenhado um papel vital desde tempos imemoriais, envolvendo a maior percentagem dos habitantes do mundo. Devido à pressão crescente da população sobre a terra e à procura cada vez maior de alimentos e matérias-primas, há uma necessidade evidente de utilizar corretamente cada pedaço de terra, o que exige um planeamento científico, nacional e económico para a utilização dos recursos terrestres sem perturbar o equilíbrio ecológico e socioeconómico da zona. É dever do planeador, incluindo os geógrafos, estudar as caraterísticas da terra no que diz respeito a vários aspectos naturais e sugerir a utilização da terra de acordo com as práticas de gestão definidas para uma utilização sustentada.

As caraterísticas de uso do solo de uma área são criadas pela necessidade humana e pelo processo antropo-geográfico. A cartografia de uso do solo diz respeito à classificação da terra de acordo com o uso. De acordo com Anderson et al (1971), os dados sobre o uso do solo são necessários para a análise do processo ambiental e dos problemas que devem ser compreendidos, se as condições e padrões de vida forem melhorados ou mantidos ao nível atual. Os principais objectivos do sistema de classificação da utilização do solo consistem em fornecer um quadro tão amplo quanto possível e abranger todos os tipos de utilização do solo na zona urbana. A classificação do uso do solo tem como objetivo fornecer um sistema normalizado de classificação do uso do solo.

Vários departamentos dos governos central e estatal, sectores privados e departamentos universitários têm vindo a recolher dados sobre a utilização dos solos para fins específicos. De acordo com Frost etal (1960), uma interpretação bem sucedida da terra e das suas utilizações implica a avaliação da adoção do ambiente pelo homem. O mapa de uso do solo incorpora os impactos demográficos, económicos e ambientais que ocorreram como componente dos programas de planeamento. A classificação do uso do solo deve tratar exclusivamente de actividades. Deve ser flexível. Deve basear-se no que é observado no terreno. O campo deve ser baseado na unidade mais pequena que pode ser diferenciada. A classificação deve ser compatível com o sistema de existência.

A variedade das necessidades de dados sobre a utilização e a ocupação do solo é extremamente vasta.

Os dados actuais sobre a utilização e ocupação do solo são necessários para a equalização das avaliações fiscais em muitos Estados. Os dados sobre a utilização e a ocupação do solo são também necessários aos organismos federais, estatais e locais para o inventário dos recursos hídricos, o controlo das inundações, o planeamento do abastecimento de água e o tratamento das águas residuais. Muitas agências federais necessitam de inventários abrangentes actuais das actividades existentes em terras públicas, combinados com as utilizações existentes e em mudança das terras privadas adjacentes, para melhorar a gestão das terras públicas. As agências federais também precisam de dados sobre a utilização dos solos para avaliar o impacto ambiental resultante do desenvolvimento dos recursos energéticos, para gerir os recursos da vida selvagem e minimizar os conflitos entre o homem e a vida selvagem nos ecossistemas, para fazer resumos nacionais dos padrões e mudanças na utilização dos solos para a formulação de políticas nacionais e para preparar declarações de impacto ambiental e avaliar os impactos futuros na qualidade ambiental.

Agrupamento de usos do solo

O solo urbano pode ser utilizado para um grande número de fins. Pode ser residencial, industrial, comercial ou recreativo. Do mesmo modo, as terras rurais nas proximidades podem ser utilizadas para hortas, como produtos hortícolas e frutícolas, culturas de rendimento como o tabaco, a malagueta ou culturas de base como o trigo, o arroz ou o painço. As diferentes utilizações do solo urbano e rural seguem padrões estabelecidos em torno das zonas urbanas. As utilizações do solo urbano são inumeráveis e, ao efetuar um levantamento da utilização do solo urbano, tornou-se necessário agrupá-las. Tornou-se necessário agrupar essas utilizações sob certas categorias bem definidas. Esse agrupamento baseia-se na semelhança de funções e de caraterísticas de desempenho. Por exemplo, as utilizações residenciais são agrupadas, tal como as utilizações comerciais retalhistas, as áreas comerciais grossistas e os armazéns. Da mesma forma, as utilizações industriais também podem ser agrupadas, mas uma indústria que emite uma grande quantidade de fumo e fumos nocivos não pode ser colocada ao lado de uma indústria que não produz fumo e é capaz de manter as instalações limpas, como uma indústria eletrónica, etc. A emissão de resíduos de fumo e outros critérios constituem as caraterísticas de desempenho da indústria.

Classificação da utilização do solo (urbano)

Tendo em conta a semelhança funcional e a compatibilidade ou não dos usos, os usos do solo nas zonas urbanas e na envolvente foram, para efeitos de planeamento, classificados em nove grupos (incluindo os terrenos vagos), tal como indicado no Quadro 2.

A classificação das utilizações em grupos pode ainda ser alargada a subgrupos, se necessário, e os subgrupos podem ainda ser divididos em subgrupos para um levantamento geral da utilização dos solos. É adequado identificar as nove utilizações acima referidas com determinadas subcategorias e efetuar inquéritos sobre a utilização dos solos.

Na zona residencial, as seguintes utilizações/actividades são prescritas como permitidas, admissíveis mediante pedido à autoridade competente e proibidas. Do mesmo modo, são permitidos edifícios/instalações para as seguintes utilizações/actividades em sítios/locais específicos indicados na planta de implantação, no plano de ação e no projeto/esquema para fins gerais:

Usos permitidos : Residências em lotes (moradias isoladas, geminadas e em banda), moradias colectivas, residências-espaços de trabalho, albergues e pensões, abrigos noturnos, missões estrangeiras, dharamshala, barat ghar, salão comunitário, posto de polícia, casas de hóspedes, lojas de conveniência, lojas locais (comércio a retalho), clínicas médicas, dispensários, escritórios profissionais, edifícios de ensino: (infantário, escola primária, escola secundária, faculdade), institutos de investigação, centros comunitários, instalações religiosas, mercados semanais, biblioteca, ginásio, parque/totlote, viveiro de plantas, centro de formação técnica, centros de ioga/clínicas de saúde, galeria de exposições e de arte, clubes, bancos, esquadras de polícia, paragens de táxis/paragens de três rodas, paragens de autocarros, depósito de distribuição eléctrica, estação de bombagem de água, estações de correios, albergues de natureza não comercial, jardins de infância, serviços públicos e edifícios, exceto estaleiros de serviço e de armazenamento.

Usos / actividades permitidos : Bombas de gasolina, oficinas de reparação de veículos a motor, indústria doméstica, padarias e confeitarias, armazenamento de garrafas de gás GPL, cemitérios, restaurantes e hotéis, tipografias, armazéns, lares e centros de saúde (20 camas), auditórios, depósitos de autocarros sem oficina, salas de cinema, multiplexes, mercados de retalho, lojas polivalentes, acampamento de visitantes em trânsito, serviços públicos municipais, estatais e centrais.

Usos / Actividades Proibidas: Indústria pesada, grande e extensa: indústrias nocivas, detestáveis e perigosas, armazéns, depósitos de produtos perecíveis, perigosos, inflamáveis, oficinas de autocarros, etc, matadouros, armazéns grossistas, hospitais que tratam de doenças contagiosas, estações de tratamento de esgotos, estações de tratamento de água, aterros de resíduos sólidos, estádios de jogos ao ar livre, estádios de jogos em recinto fechado, campos de tiro, jardins zoológicos, jardins botânicos, santuários de pássaros, cabanas de piquenique, centros de conferências internacionais, tribunais, centros de formação desportiva, reformatórios, batalhões distritais, laboratórios de ciências forenses.

Comercial

Na zona de uso comercial, são permitidas as seguintes utilizações/actividades, permitidas mediante pedido à autoridade competente e proibidas.

Utilização / atividade permitida : Lojas, centro comercial de conveniência/bairro, centros comerciais locais, escritórios profissionais, locais de trabalho/escritórios, bancos, bolsa de valores/instituição financeira, padarias e confeitarias, salas de cinema/teatro, salas de banquetes, pensões, restaurantes, hotéis, mercado semanal, bombas de gasolina, armazéns e depósitos, comércio geral, comércio grossista, lotes residenciais (habitação colectiva, albergue/pensão), bancos, restaurantes, padarias/confeitarias, salas de cinema / teatros, auditórios / salões de banquetes, lares de idosos/clínicas médicas, locais religiosos, escritórios/locais de trabalho, centros comerciais, institutos de investigação/formação, centros de serviços/garagens/oficinas, barat ghar/abrigo noturno, mercados semanais/formais, biblioteca, parques/espaço aberto, museu, esquadra de polícia/posto de correio, praça de táxis/pontos de paragem de três rodas, parque de estacionamento, correios, escritórios governamentais/institucionais, central telefónica, armazéns e armazéns cobertos.

Usos/Actividades permitidos : Indústrias ligeiras não poluentes e não nocivas, armazéns de produtos perecíveis e inflamáveis, depósitos de carvão, madeira, madeira, depósitos de autocarros e camiões, instalações de gás e fábricas de gás, institutos politécnicos e institutos técnicos superiores, parques de sucata, estações de tratamento de água, estações ferroviárias, instalações desportivas/estádios e de utilidade pública, hotéis e casas de visitantes em trânsito, edifícios religiosos, hospitais e lares de idosos.

Usos/Actividades Proibidos : Habitações, exceto as do pessoal essencial de vigilância e de guarda, unidades industriais pesadas, extensivas, desagradáveis, perigosas e extractivas, hospitais/laboratórios de investigação de doenças contagiosas, explorações avícolas/laticínios, matadouros, locais de tratamento/eliminação de águas residuais, utilizações agrícolas, armazenamento de produtos perecíveis e inflamáveis, extração de cascalho, areia, argila e pedra, jardim zoológico, jardim botânico, santuário de aves, cabana de piquenique, centro de conferências internacionais, tribunais, centro de treino desportivo, reformatório, gabinete de batalhão distrital, laboratório de ciências forenses e todas as outras actividades que causem incómodo e sejam de natureza desagradável.

Zona de utilização industrial

Na zona de utilização industrial, os edifícios e as instalações devem ser normalmente utilizados para utilizações/actividades identificadas e associadas, permitidas e autorizadas, mediante pedido.

Utilização/Atividade permitida: Edifícios residenciais para pessoal essencial e para vigilância e guarda, todo o tipo de indústrias, serviços públicos, estacionamento, espaços de carga e descarga, armazenagem, depósito e depósito de mercadorias não perecíveis e não inflamáveis e utilização acessória, armazém frigorífico e fábrica de gelo, armazéns de gás, cinema, terminal de autocarros, depósitos de autocarros e oficinas, estabelecimentos comerciais grossistas, estações de serviço com garagens e estações de serviço, parques e parques infantis, centros médicos, restaurantes.

Usos/Actividades permitidos: Indústrias nocivas, detestáveis e perigosas, exceto armazenamento de produtos perecíveis e inflamáveis, sucatas, desportos/estádios/parques infantis, estações de tratamento de águas residuais, centrais eléctricas, estações de serviço, cemitérios, escritórios de empresas governamentais/semi-governamentais/privadas, bancos e instituições financeiras, heliportos, hospitais/centros médicos, edifícios religiosos, paragens de táxis, instalações de gás e fábricas de gás, corridas de animais ou picadeiros, oficinas/garagens, leitarias e explorações agrícolas e pedreiras de cascalho, areia, argila ou pedra.

Usos/Actividades Proibidos : Habitações residenciais, exceto as essenciais para o pessoal de vigilância e guarda, escolas e colégios, hotéis, motéis e parques de caravanas, centros recreativos, outras actividades não industriais, edifícios religiosos, explorações agrícolas irrigadas e de esgotos, grandes depósitos de petróleo e instalações de reabastecimento de GPL, escritórios comerciais, instituições de ensino, edifícios sociais.

Transportes e Comunicações

Usos/Actividades Permitidos : Terminais de transporte rodoviário (terminais de autocarros e depósitos), terminais de mercadorias, áreas de estacionamento, circulação, aeroportos - edifícios e infra-estruturas, terminal de camiões, garagem de automóveis, oficina, oficina de reparação e reparação e instalações como abrigo noturno, pensão, bancos, restaurantes, escritórios de reservas, centro de transmissão, estação sem fios, estação de rádio e televisão, observatório e gabinete meteorológico.

Usos/Actividades permitidos: Qualquer outra utilização/atividade relacionada com os transportes e as comunicações, unidades de habitação para o pessoal essencial e para a vigilância e guarda.

Usos/Actividades Proibidos: Utilização/atividade não especificamente permitida no presente documento.

Público e Semi-público

Na zona de uso público e semi-público, as seguintes utilizações/actividades são prescritas como permitidas, autorizadas mediante pedido à autoridade competente e proibidas.

Usos/Actividades permitidos : Escritórios governamentais, centrais, estatais, locais e semi-governamentais, escritórios de empresas públicas, universidades e institutos de ensino especializados, faculdades, escolas, centros de investigação e desenvolvimento, centros sociais e de bem-estar, bibliotecas, hospitais, centros de saúde/primários, dispensários, clínicas e bibliotecas, institutos sociais e culturais, edifícios/centros religiosos, salas de conferências, salões comunitários, barat ghar, dharmashala, museus/galerias de arte, centros de exposições, auditórios, esquadras/postos de polícia, linhas de polícia, prisões, quartéis de bombeiros/postos de bombeiros, cemitérios, serviços e edifícios públicos, lixeiras/sítios de resíduos sólidos, estações de correios, repartições públicas locais, estatais e centrais e sua utilização para fins de defesa, instituições de ensino e investigação, instituições sociais, culturais e religiosas, terminais de passageiros de autocarros e caminhos-de-ferro, serviços e edifícios de utilidade pública, instalações municipais locais, utilizações acessórias a repartições públicas e para sua utilização, monumentos, estações transmissoras de rádio e estações sem fios, centro de telecomunicações, central telefónica, cremações e cemitérios, hospitais, lares e dispensários, quartéis e linhas de polícia, quartéis e postos de bombeiros, museus, bibliotecas.

Actividades/Utilizações permitidas : Hospitais, centros de saúde, lares de idosos, dispensários, clínicas, apartamentos residenciais e lotes residenciais para alojamento coletivo de funcionários, universidades e institutos de ensino especializado, colégios, creches e jardins de infância, centros de bem-estar, auditórios, teatros ao ar livre, centros de saúde, parques infantis, clubes recreativos, casas de hóspedes, bancos, museus, posto de bombeiros, posto de polícia, posto de correios e telégrafos, albergues, instalações de abastecimento de água, esgotos, estações de serviço, estações/estaleiros ferroviários, politécnicos, edifícios culturais e religiosos, salão comunitário, terminais de autocarros/camiões, cemitérios/ cemitérios, armazéns/armazéns, heliportos, usos/centros comerciais, outros usos/actividades.

Usos/Actividades Proibidos : Indústrias pesadas, extensivas e outras indústrias perigosas e desagradáveis, matadouros, parques de sucata, mandis por grosso, explorações leiteiras e avícolas, casas de lavoura, oficinas de manutenção e reparação, transformação e venda de produtos agrícolas e usos não especificamente permitidos neste documento.

Zona de uso recreativo

Na zona de uso recreativo, as seguintes utilizações/actividades são prescritas como permitidas, permitidas mediante pedido à autoridade competente e proibidas.

Usos/Actividades permitidos : Parques regionais, parques distritais, parques infantis, jardins botânicos/zoológicos, santuários de aves, clubes, estádios (cobertos), estádios ao ar livre, cabanas de piquenique, estâncias de férias, campos de tiro, centros de treino desportivo, parques especializados/maidans para uso múltiplo, piscinas, áreas especiais de recreio e educação, terminais de passageiros de autocarros e caminhos-de-ferro, bibliotecas, serviços públicos e instalações como postos de polícia, bombeiros, correios e telégrafos, centro de saúde para jogadores e pessoal.

Usos/Actividades permitidos: Edifícios e estruturas auxiliares do uso recreativo permitido em espaços abertos e parques, tais como stands para veículos de aluguer, táxis e scooters, uso comercial de natureza transitória como cinema, circo e outros espectáculos, salas de reunião públicas, restaurantes e parques de caravanas, estádios desportivos, cinemas ao ar livre.

Usos/Actividades Proibidos : Qualquer edifício ou estrutura que não seja necessário para recreação ao ar livre, unidade de habitação, exceto para vigilância e guarda, usos não especificamente permitidos.

Agricultura e massas de água

Usos/Actividades permitidos : Habitação para as pessoas que se dedicam à exploração agrícola, casas de campo e edifícios acessórios, agricultura, horticultura e silvicultura, avicultura e exploração leiteira, indústrias caseiras, armazenamento, transformação e venda de produtos agrícolas, estações de serviço de gasolina e outros combustíveis, edifícios de utilidade pública e instalações.

Usos/Actividades permitidos: Casas de lavoura, indústria extensiva, tijolos, estações de tratamento de águas residuais, centrais eléctricas, extração de cascalho, areia, argila ou pedra, indústrias de serviços acessórias a indústrias nocivas e perigosas, escolas e bibliotecas, templos, igrejas, mesquitas e outros edifícios religiosos, estações de refrigeração de leite e instalações de pasteurização.

Usos/Actividades Proibidos : Utilização residencial, com exceção das utilizações auxiliares permitidas na zona de utilização agrícola, indústrias pesadas, extensivas, nocivas, desagradáveis e perigosas, qualquer atividade que crie perturbações e seja desagradável por natureza.

Áreas especiais

Utilizações: Para além das várias utilizações/actividades, permitidas, autorizadas a pedido da autoridade competente e proibidas, enumeradas em várias zonas de utilização, podem também ser especificadas tendo em conta as caraterísticas especiais dessas áreas/bolsas. Pode tratar-se de zonas de construção antiga com utilização mista do solo. Podem ser zonas de importância histórica ou arqueológica com monumentos históricos e edifícios de importância arquitetónica. Pode tratar-se de zonas de valor paisagístico que devem ser preservadas sem descaraterizar o seu carácter. Por conseguinte, é necessário que a permissibilidade de utilização/atividade em zonas especiais seja cuidadosamente ponderada no plano de desenvolvimento, tendo em conta as actividades predominantes e compatíveis de uma utilização específica da qual essa zona especial faz parte.

Terrenos vagos

Inclui terrenos construídos mas não ocupados, terrenos vagos em construção, terrenos urbanizados vagos não construídos, etc.

Classificação do uso do solo (Regional)

A classificação do uso do solo a nível regional não pode ser estabelecida de forma precisa e rígida. Depende das caraterísticas físicas da região e da disponibilidade de dados a nível regional. Os pormenores a apresentar sobre uma utilização regional do solo também dependem do facto de se basear num inquérito no terreno ou de ser compilado a partir de outras fontes secundárias ou baseado na interpretação de imagens de satélite ou fotografias aéreas. Ao utilizar a técnica de deteção remota, a interpretação de imagens oferece a possibilidade de extrair informação sem ter de ir ao terreno. No entanto, a informação derivada da interpretação necessitará sempre de ser verificada. Em termos gerais, o uso da terra a nível regional pode ser de acordo com a seguinte classificação que pode ser adoptada durante a preparação dos Planos Distritais ou dos Planos Espaciais preparados à escala 1:50000.

Identificação da utilização dos solos

Os usos do solo podem ser identificados através de um sistema de números de código, símbolos gráficos e cores. De facto, os três sistemas podem ter de ser utilizados num determinado caso. Os números de código são úteis tanto durante o trabalho de levantamento como na transferência de informação dos registos de campo para os registos de escritório. Os símbolos gráficos são úteis para compreender o padrão de utilização das terras de uma zona e ajudam a reproduzir facilmente os mapas de utilização das terras. A representação por cores é útil no estudo dos padrões de uso do solo. Normalmente, os números de código e os símbolos gráficos são os mais utilizados. Os números de código, os símbolos gráficos e as cores a utilizar para indicar as diferentes utilizações do solo são apresentados no Quadro 1. Os subgrupos também foram apresentados na medida em que são identificáveis, mas podem ser acrescentados outros subgrupos. Do mesmo modo, um subgrupo pode ainda ser dividido em grupos mais pequenos, dividindo ainda mais os números de código.

Lotes parcialmente construídos

Ao realizar o levantamento da utilização dos solos, exceto no caso de edifícios públicos que ocupem uma pequena parte de uma parcela, em que apenas os edifícios recebem a cor ou o símbolo necessários, em todos os outros casos toda a parcela é indicada como pertencente a essa utilização específica, mesmo que o edifício aí construído ocupe apenas uma pequena parte da parcela. Isto é necessário tendo em conta o facto de a propriedade da parcela ser uma só, nem sempre é possível considerar a separação entre o edifício e a parcela. A extensão da área construída na parcela ajudará a decidir sobre qualquer subdivisão que possa ser necessária durante o processo de planeamento.

Quadro 4.1

Informações sobre a utilização dos solos na empresa municipal de Kadapa de 1951 a 2011

Year	Area in Sq. Km	Area in hectares
1951	5.19	519.02
1961	6.84	684.00
1971	6.84	684.00
1981	6.84	684.00
1991	6.84	684.00
2001	6.84	684.00
2011	164.07	16408.7

Fonte: Calculado a partir dos dados recolhidos.

Os dados sobre a utilização dos solos da Corporação Municipal de Kadapa foram recolhidos ao longo de um período de sete décadas, nos anos de 1951, 1961, 1971, 1981, 1991, 2001 e 2011 (Quadro 4.1). A utilização do solo da cidade de Kadapa foi classificada em zona residencial, zona comercial, zona industrial, zona pública e semipública, zona recreativa, zona de transportes e comunicações, zona agrícola, curso de água, terrenos vagos e colinas. O volume de mudança decadal de 1951 a 1961, 1961 a 1971, 1971 a 1981, 1981 a 1991, 1991 a 2001 e 201 a 2011 foi calculado.

Durante o ano de 1951, a área total da Corporação Municipal de Kadapa era de 437,70 hectares (Quadro 4.2). A área residencial é vasta, em contraste com as outras áreas. Deste total, 23,9% (124,01 hectares) foram classificados como área residencial (Quadro 4.3). A área comercial era de 1,09 por cento (10,07 hectares), não existindo qualquer área industrial ocupada nesse período. A área de escritórios públicos e semi-públicos era de 7,7% (40 hectares). A área de lazer era de apenas 2,4% (12,45 hectares). A área de transportes e comunicações representa 4,3 por cento (22,23 hectares). A área agrícola segue de perto a área residencial em termos de dimensão. A área agrícola ocupava 34,1% (176,9 hectares). Os terrenos sob cursos de água ocupam 10,8% (56 hectares). As terras devolutas, 14,9%, totalizam 77,36 hectares de terra. A análise da utilização dos terrenos durante o ano de 1951 indica que na Corporação Municipal de Kadapa há mais terrenos agrícolas. Representam 34,1 por cento da área total.

Durante o ano de 1961, a área total da Corporação Municipal de Kadapa era de 684,04 hectares de terra (Quadro 4.2). Deste total, cerca de 21,97% (150,29 hectares) foram classificados como área residencial (Quadro 4.3). A percentagem da área comercial foi de 2,28% e corresponde a 15,61 hectares de terra. A área industrial tem 20,72 hectares de terreno e representa 3,03%. A área de escritórios públicos e semi-públicos era de cerca de 60,42 hectares de terreno. Representa 8,83% da área total da cidade de Kadapa. Do mesmo modo, a área de recreio era de 27,1 hectares e representava 3,96% (Fig. 4.1). A área de transportes e comunicações era de 78,41 hectares. Representa 11,46% da área total. A área agrícola é de 200,65 hectares da área total. Representa 29,33% da superfície total. A terra sob cursos de água e massas de água é de 54,59 hectares de terra. Representa 7,98% da superfície total. As terras devolutas têm 76,25 hectares e representam 11,15% da área total. O estudo das categorias de utilização dos solos de 1961 revela que a área residencial da Corporação Municipal de Kadapa era elevada mesmo em 1961, representando 21,97% da área total.

Quadro 4.2

Utilizações do solo Particulares da Corporação Municipal de Kadapa de 1951-2011

Land Use Pattern	**1951**	**1961**	**1971**	**1981**	**1991**	**2001**	**2011**
Residential zone	124.01	150.29	201.35	250.29	277.29	286.29	2060.86
Business zone	10.07	15.61	15.61	17.61	20.61	30.61	56.67
Industrial zone		20.72	21.72	24.73	27.72	30.72	205
Public & semi-public zone	40	60.42	63.4	65.04	68.42	85.42	448
Recreational	12.45	27.1	27.91	27.91	37.91	40.91	50.17
Transport & Communication	22.23	78.41	79.4	81.27	83.41	87.31	371.19
Agriculture zone	176.9	200.65	160	110.1	82.9	69	10908.87
Water courses	56	54.59	54.5	51.59	40.59	30.59	726.53
Vacant land	77.36	76.25	60.15	55.5	45.19	23.19	105.47
Hills							1476.084
Total	**519.02**	**684.04**	**684.04**	**684.04**	**684.04**	**684.04**	**16408.84**

Fonte : Corporação Municipal, Kadapa.

Utilizações do solo Particularidades da Corporação Municipal de Kadapa 2011

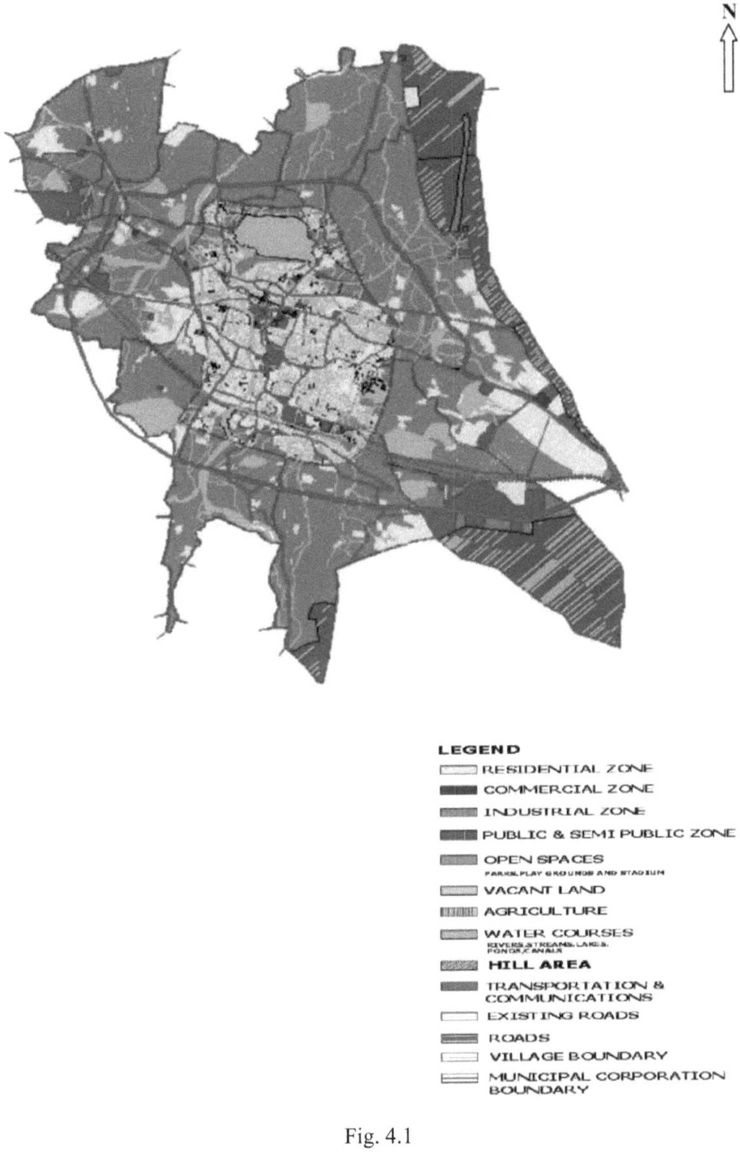

Fig. 4.1

Quadro 4.3

Percentagem de utilização dos terrenos da Corporação Municipal de Kadapa de 1951 a 2011

Land Use Pattern	1951	1961	1971	1981	1991	2001	2011
Residential zone	23.9	21.97	29.44	36.59	40.54	41.85	12.56
Business zone	1.9	2.28	2.28	2.57	3.01	4.47	0.35
Industrial zone		3.03	3.18	3.62	4.05	4.49	1.25
Public & semi-public zone	7.7	8.83	9.27	9.51	10.00	12.49	2.73
Recreational	2.4	3.96	4.08	4.08	5.54	5.98	0.31
Transport & Communication	4.3	11.46	11.61	11.88	12.19	12.76	2.26
Agriculture zone	34.1	29.33	23.39	16.10	12.12	10.09	66.48
Water courses	10.8	7.98	7.97	7.54	5.93	4.47	4.43
Vacant land	14.9	11.15	8.79	8.11	6.61	3.39	0.64
Hills							9.00
Total	100.0	100.00	100.00	100.00	100.00	100.00	100.00

Fonte: Calculado a partir dos dados recolhidos.

Em 1971, a área total da Corporação Municipal de Kadapa era de 684,04 hectares (quadro 4.2). Destes, 201,35 hectares de terrenos pertencem à categoria residencial. Representa 29,44% do total de terrenos (quadro 4.3). A área de negócios era de 15,61 hectares. Representa 2,28% do total de terrenos. A zona industrial tem 21,72 hectares e representa 3,18% do total de terrenos. A área de escritórios públicos e semi-públicos era de 63,4 hectares. Representa 9,27% da área total. As terras da categoria de recreio tinham

27,91 hectares e representavam 4,08% da área total. A área de transportes e comunicações era de 79,4 hectares. Representa 11,61% do total das terras. A área agrícola era de 160 hectares. Representa 23,39% da superfície total. A área sob cursos de água e massas de água era de 54,5 hectares e representa 7,97% da área total. As terras devolutas tinham 60,15 hectares. Representa 8,79% da área total. A partir da análise das categorias de utilização dos solos em 1971, verificou-se que os terrenos se situam em áreas residenciais e agrícolas. A percentagem total de terrenos residenciais e agrícolas era de 52,82 da área total.

Durante o ano de 1981, a área total da Corporação Municipal de Kadapa era de 684,04 hectares de terra. Destes, cerca de 250,29 hectares de terreno pertencem à categoria residencial (Quadro 4.2). Representa 36,59% do total de terrenos. A área da zona empresarial era de 17,61 hectares. Representa 2,57% do total de terrenos. A área da zona industrial era de 24,73 hectares e representa 3,62% da área total. As terras ocupadas por serviços públicos e semi-públicos tinham 65,04 hectares. Representa 9,51% do total de terrenos. A área de recreio era de 27,91 hectares. Representa 4,08% da área total. De igual modo, a área de transportes e comunicações era de 81,27 hectares, representando 11,88% da área total. A área agrícola era de 110,1 hectares. Representa 16,10 por cento da superfície total. A área sob cursos de água e massas de água era de 51,59 hectares, representando 7,54% da área total. As terras devolutas tinham 55,5 hectares. Representa 8,79% do total das terras. A análise da utilização dos terrenos da Corporação Municipal de Kadapa em 1981 mostra que a área residencial é elevada, seguida da área agrícola. Estas duas categorias de terrenos representam 52,69% da área total.

Durante o ano de 1991, a área total da Corporação Municipal de Kadapa era de 684,04 hectares de terra. Destes, cerca de 277,29 hectares de terreno pertencem à categoria residencial (Quadro 4.2). Representa 40,54% do total de terrenos. A área da zona empresarial era de 20,61 hectares. Representa 3,01% do total de terrenos. A área da zona industrial era de 27,72 hectares e representa 4,05% da área total. Do mesmo modo, as instalações públicas e semi-públicas tinham 68,42 hectares. Representa 10,00 por cento do terreno total. A área de recreio era de 37,91 hectares. Representa 5,54% da superfície total. A área de transportes e comunicações era de 83,41 hectares e representa 12,19% da área total. A área agrícola era de 82,9 hectares. Representa 12,12 por cento da superfície total. A área sob cursos de água e massas de água era de 40,59 hectares, representando 5,93% da área total. As terras devolutas tinham 45,19 hectares. Representa 6,61% do total das terras. A análise da utilização dos terrenos da Corporação Municipal de Kadapa durante o ano de 1991 revela que a área residencial é elevada, seguida da área agrícola. Estas duas categorias de terrenos representam 52,66% da área total.

Em 2001, a área total da Corporação Municipal de Kadapa era de 684,04 hectares de terra (Quadro 4.2). Deste total, cerca de 41,85% (286,29 hectares) estão classificados como área residencial (Quadro 4.3). A percentagem da área comercial foi de 4,47% e corresponde a 30,61 hectares de terra. A área industrial tem 30,72 hectares de terreno e representa 4,49%. A área de escritórios públicos e semi-públicos era de cerca de 85,42 hectares de terra. Representa 12,49% da área total da cidade de Kadapa. Do mesmo modo, a área recreativa era de 40,91 hectares e representava 5,98% da área total. A área de transportes e comunicações era de 87,31 hectares. Representa 12,76% da área total. A área agrícola corresponde a 69 hectares da área total. Representa 10,09 por cento da superfície total. A terra sob cursos de água e massas de água é de 30,59 hectares de terra. Representa 4,47% da superfície total. As terras devolutas têm 23,19 hectares e representam 3,39% da área total. O estudo das categorias de utilização dos solos de 2001 revela que a área residencial da Corporação Municipal de Kadapa era elevada mesmo em 1991, representando 41,85% da área total.

Durante o ano de 2011, a área total da Corporação Municipal de Kadapa era de 16408,84 hectares do total de terrenos. Destes, cerca de 2060,86 hectares de terrenos pertencem à categoria residencial (Quadro 4.2). Representa 12,56% do total de terrenos (Quadro 4.3). A área da zona empresarial era de 56,67 hectares. Representa 0,35 por cento do total de terrenos. Do mesmo modo, a área da zona industrial era de 205 hectares e representa 1,25% da área total. A área de escritórios públicos e semi-públicos era de 448 hectares. Representa 2,73% do total das terras. A área de recreio era de 50,17 hectares. Representa 0,31% da área total. A área de transportes e comunicações era de 371,19 hectares e representa 66,48% da área total. Do mesmo modo, a área agrícola era de 10908,87 hectares. Representa 66,48% do total das terras. A terra sob cursos de água e massas de água era de 726,53 hectares e representa 4,43% da área total. As terras devolutas tinham 105,47 hectares. Representa 0,64% do total das terras. A área de montanha era de 1476,08 hectares. Representa 9,00 por cento do total das terras.

A análise da utilização dos terrenos da Corporação Municipal de Kadapa durante o ano de 2011 revela que a área agrícola é elevada, seguida das áreas residenciais e das colinas. Estas três categorias de terrenos representam 88,04% da superfície total.

Quadro 4.4

Mudança decenal da utilização dos solos da corporação municipal de Kadapa

De 1951 a 2011

Land Use Pattern	**1951-1961**	**1961-1971**	**1971-1981**	**1981-1991**	**1991-2001**	**2010-2011**
Residential zone	26.28	51.06	48.94	27.00	9.00	1774.57
Business zone	5.54	0.00	2.00	3.00	10.00	26.06
Industrial zone	20.72	1.00	3.01	2.99	3.00	174.28
Public & semi-public zone	20.42	2.98	1.64	3.38	17.00	362.58
Recreational	14.65	0.81	0.00	10.00	3.00	9.26
Transport & Communication	56.18	0.99	1.87	2.14	3.90	283.88
Agriculture zone	23.75	-40.65	-49.90	-27.20	-13.90	10839.8
Water courses	-1.41	-0.09	-2.91	-11.00	-10.00	695.94
Vacant land	-1.11	-16.10	-4.65	-10.31	-22.00	82.28
Hills	0.00	0.00	0.00	0.00	0.00	1476.08
Total	165.02	0.00	0.00	0.00	0.00	15724.8

Fonte: Calculado a partir dos dados recolhidos.

Mudança decenal da utilização dos solos da Corporação Municipal de Kadapa de 1951 a 2011

A Corporação Municipal de Kadapa aumentou 225,44 hectares entre 1951 e 1961. No ano de 1961 a 2001 não houve alteração da área em hectares (Quadro 4.4). e no ano seguinte, atualmente em 2011, em 15724,80 hectares, aqui a fusão e o alargamento dos limites municipais no ano de 2008, G.O. do Governo n.º 93, Ma & UD (Ele.II), Departamento, datado de 22.01.2008.

O aumento decenal da área residencial foi de cerca de 26,28 hectares entre 1951 e 1961, 51,06 hectares entre 1961 e 1971, 48,94 hectares entre 1971 e 1981, 27 hectares entre 1981 e 1991 e 9 hectares entre 1991 e 2001. O aumento global da área residencial entre 2001 e 2011 foi de cerca de 1774,57 hectares na Corporação Municipal de Kadapa. O aumento das terras utilizadas para fins comerciais foi de cerca de 5,54 hectares entre 1951 e 1961; não houve aumento nem diminuição entre 1961 e 1971, 2 hectares entre 1971 e 1981, 3 hectares entre 1981 e 1991, 10 hectares entre 1991 e 2001 e 26,06 hectares entre 2001 e 2011. O aumento global da área de negócios entre 1991 e 2011 foi de cerca de 26,06 hectares na Corporação Municipal de Kadapa.

O aumento decadal da área industrial foi de cerca de 20,72 hectares entre 1951 e 1961, 1 hectare entre 1961 e 1971, 3,01 hectares entre 1971 e 1981, 2,99 hectares entre 1981 e 1991, 3 hectares entre 1991 e 2001 e 174,28 hectares entre 2001 e 2011. O aumento global da área industrial entre 1951 e 2011 foi de cerca de 174,28 hectares na Corporação Municipal de Kadapa.

Em termos decadais, a área pública e semipública era de cerca de 20,42 hectares entre 1951 e 1961, 2,98 hectares entre 1961 e 1971, 1,64 hectares entre 1971 e 1981, 3,38 hectares entre 1981 e 1991, 17,00 hectares entre 1991 e 2001 e 362,58 hectares entre 2001 e 2011. O aumento global dos terrenos públicos e semipúblicos entre 1951 e 2011 foi de cerca de 362,58 hectares na Corporação Municipal de Kadapa.

A área de recreio decenal era de cerca de 14,65 hectares entre 1951 e 1961, 0,81 hectares entre 1961 e 1971, 0,01 hectares entre 1971 e 1981, 10,00 hectares entre 1981 e 1991, 3 hectares entre 1991 e 2001 e 9,26 hectares entre 2001 e 2011. O aumento global da área de recreio entre 1951 e 2011 foi de cerca de 9,26 hectares na Corporação Municipal de Kadapa.

Em termos decadais, a área de transportes e comunicações era de cerca de 56,18 hectares entre 1951 e 1961, 0,99 hectares entre 1961 e 1971, 1,87 hectares entre 1971 e 1981, 2,14 hectares entre 1981 e 1991, 3,90 hectares entre 1991 e 2001 e 283,88 hectares entre 2001 e 2011. O aumento global do sector dos transportes e comunicações entre 1951 e 2011 foi de cerca de 283,88 hectares na Corporação Municipal de Kadapa.

A área da zona agrícola em termos decadais foi de cerca de 23,75 hectares de 1951 a 1961, -40,65 hectares de 1961 a 1971, -49,90 hectares de 1971 a 1981, -27,20 hectares de 1981 a 1991, -13,90 hectares de 1991 a 2001 e 10839,87 hectares de 2001 a 2011. O aumento global da zona agrícola entre 1951 e 2011 foi de cerca de 10839,87 hectares na Corporação Municipal de Kadapa.

Em termos decadais, os cursos de água registaram -1,41 hectares de 1951 a 1961, -0,09 hectares de 1961 a 1971, -2,91 hectares de 1971 a 1981, -11,00 hectares de 1981 a 1991, -10,00 hectares de 1991 a 2001 e 695,94 hectares de 2001 a 2011. O aumento global dos cursos de água entre 1951 e 2011 foi de cerca de 695,94 hectares na Corporação Municipal de Kadapa.

Em termos decadais, os terrenos vagos eram de cerca de -1,11 hectares entre 1951 e 1961, -16,10 hectares entre 1961 e 1971, -4,65 hectares entre 1971 e 1981, -10,31 hectares entre 1981 e 1991, -22,00 hectares entre 1991 e 2001 e 82,28 hectares entre 2001 e 2011. O aumento global de terrenos vagos entre 1951 e 2011 foi de cerca de 82,28 hectares na Corporação Municipal de Kadapa. A análise da variação decenal revela que houve um aumento significativo da área residencial na Corporação Municipal de Kadapa.

Quadro 4.5

Volume de aumento ou diminuição da área das categorias de uso do solo

Land Use Pattern	1951-1961	1961-1971	1971-1981	1981-1991	1991-2001	2010-2011
Residential zone	21.19	33.97	24.31	10.79	3.25	619.85
Business zone	55.01	0.00	12.81	17.04	48.52	85.14
Industrial zone	0.00	4.83	13.86	12.09	10.82	567.32
Public & semi-public zone	51.05	4.93	2.59	5.20	24.85	424.47
Recreational	117.67	2.99	0.00	35.83	7.91	22.64
Transport & Communication	252.72	1.26	2.36	2.63	4.68	325.14
Agriculture zone	13.43	-20.26	-31.19	-24.70	-16.77	15709.96
Water courses	-2.52	-0.16	-5.34	-21.32	-24.64	2275.06
Vacant land	-1.43	-21.11	-7.73	-18.58	-48.68	354.81
Total	507.12	6.45	11.66	18.97	9.94	20384.37

Fonte: Calculado a partir dos dados recolhidos.

Volume de aumento ou diminuição da área das categorias de uso do solo

O volume decadal de aumento relativo da área total da Corporação Municipal de Kadapa revela um aumento de 507,12% entre 1951 e 1961, 6,45% entre 1961 e 1971, 11,66% entre 1971 e 1981, 18,97% entre 1981 e 1991, 9,94% entre 1991 e 2001 e 20384,37% entre 2001 e 2011 (Quadro 4.5). Na categoria residencial, o aumento relativo foi de cerca de 21,19% durante o ano de 1951 a 1961, 33,97% durante o ano de 1961 a 1971, 24,31% durante o ano de 1971 a 1981, 10,79% durante o ano de 1981 a 1991, 3,25% durante o ano de 1991 a 2001 e 619,85% durante o ano de 2001 a 2011. O aumento relativo da área de negócios foi de cerca de 55,01% durante o ano de 1951 a 1961, não houve variação decadal durante o ano de 1961 a 1971, 12,81% durante o ano de 1971 a 1981, 17,04% durante o ano de 1981 a 1991, 48,52% durante 1991 a 2001 e 85,14% durante o ano de 2001 a 2011. Na categoria zona industrial, o aumento relativo foi de cerca de 4,83% durante 1961 a 1971, 13,86% durante os anos de 1971 a 1981, 12,09% durante o ano de 1981 a 1991, 10,82% durante o ano de 1991 a 2001 e 567,32% durante o ano de 2001 a 2011. O aumento relativo da área pública e semi-pública foi de cerca de 51,05 por cento durante o ano de 1951 a 1961, 4,93 hectares de área durante 1961 a 1971 e 2,59 hectares no ano de 1971 a 5,20 por cento durante 1981 a 1991, 24,85 por cento durante o ano de 1991 a 2001 e 424,47 por cento durante o ano de 2001 a 2011. O aumento relativo da área de recreio foi de cerca de 117,67 por cento durante o ano de 1951 a 1961, 2,99 hectares durante 1961 a 1971 e zero em 1971 a 1981, 35,83 por cento durante 1981 a 1991, 7,91 por cento durante o ano de 1991 a 2001 e 22,64 por cento durante o ano de 2001 a 2011. Na categoria zona de transportes e comunicações, o aumento relativo foi de cerca de 252,72% durante o ano de 1951-1961, 1,26% durante os anos de 1961 a 1971, 2,36% durante o ano de 1971 a 1981, 2,63% durante o ano de 1981 a 1991, 4,68% durante o ano de 1991 a 2001 e 325,14% durante o ano de 2001 a 2011. A diminuição relativa da área agrícola foi de cerca de 13,43% durante 1951 a 1961, -20,26% durante os anos de 1961 a 1971, -31,19% durante o ano de 1971 a 1981, -24,70% durante o ano de 1981 a 1991, -16,77% durante o ano de 1991 a 2001 e a área agrícola aumentou 15709,96% durante o ano de 2001 a 2011. O aumento relativo na zona dos cursos de água e dos corpos de água foi de cerca de -2,52% durante o ano de 1951 a 1961, -0,16% durante o ano de 1971 a 1971, -5,34% durante o ano de 1971 a 1981, -21,32% durante o ano de 1981 a 1991, -24,64% durante o ano de 1991 a 2001 e os corpos de água aumentaram 2275,06% durante o ano de 2001 a 2011. Na categoria de terrenos vagos, o aumento relativo foi de cerca de -1,4 por cento entre 1951 e 1961, -21,11 por cento entre 1961 e 1971, -7,73 por cento entre 1971 e 1981, -18,58 por cento entre 1981 e 1991, -48,68 por cento entre 1991 e 2001 e 354,81 por cento entre 2001 e 2011. A análise do volume decenal de aumento relativo da área da categoria de utilização dos solos da Corporação Municipal de Kadapa revelou um aumento global durante sete décadas. De 1951 a 2011, verificou-se um aumento significativo das zonas residenciais agrícolas, seguido das zonas industriais. No entanto, o aumento relativo foi de 354,81% de 1951 a 2011.

Caraterísticas de utilização do solo da Corporação Municipal de Kadapa

A zona residencial

A zona residencial de Kadapa inclui áreas naturais ocupadas predominantemente ou exclusivamente por membros de uma determinada casta ou religião e áreas em que há uma ocupação mista de pessoas com várias afiliações e origens sociais distintas. Estas tendências segregativas reflectem a força do sentimento comunal, mas podem também refletir preconceitos contra certos grupos, especialmente os grupos de casta baixa ou religiosos. A tendência segregativa é mais forte entre as famílias educadas e analfabetas do que entre as famílias com rendimentos e níveis de educação mais elevados, onde os interesses e lealdades de casta ou religiosos se tornam factores secundários ou mesmo importantes na seleção de um local de residência.

Os hindus, os cristãos e outros constituem 52% da população total de Kadapa. Evidentemente, os hindus e os muçulmanos ocupam a maior parte da zona residencial. Uma vez que os hindus incluem uma série de sub-castas, existem ruas específicas, cada uma das quais é dominada numericamente por uma única casta. Tal como revelado pelo facto de uma ou duas castas serem amplamente predominantes em Kadapa. Por exemplo, há ruas habitadas pelos Reddis, que são localidades de luxo em Nova Kadapa. Mesmo nestas zonas, os brâmanes ultrapassaram em número os outros hindus de casta elevada, os Reddis, os Balijas e os Kammas.

Os Reddis constituem a casta numericamente mais preponderante em Kadapa. Tradicionalmente, são cultivadores. Diz-se que foram os fundadores de Kadapa. Como marca da sua continuidade com o passado, os residentes da velha Kadapa continuam a ser cultivadores. Tanto na velha como na nova Kadapa, os Reddis vivem nas ruas que dispõem de infra-estruturas civis adequadas, nomeadamente a Tippareddy Palle Road, a Kotireddy Street, a Rajareddy Street, a Boreddi Street, a Yerramukka Palle Street, a Co-operative Colony, a Non-Gazatted Officers Colony, a Radhakrishna Nagar, a

Devuni Kadapa Road, a New Market Raod, a Gandhi Nagar e a Sivaalayam Street. Desde a sua criação, os membros desta casta dedicam-se em grande parte à banca, aos seguros e ao sector imobiliário, além de trabalharem em muitas organizações privadas e públicas.

A maior parte da densidade populacional da cidade de Kadapa encontra-se em bairros residenciais de casas unifamiliares, duplex e multifamiliares nos seis distritos e em aldeias e vilas mais pequenas espalhadas ao longo das principais estradas e cruzamentos em toda a bacia hidrográfica. Estes lotes têm geralmente menos de um acre, com um quarteirão típico de um bairro local com 45 a 70 casas por hectare. Yerramukka Palle, Sankarapuram, YS Raja Reddy Nagar, incluem um conjunto relativamente grande de casas de finais do século XVIII e inícios do século XIX, construídas para sustentar uma população crescente, uma vez que as cidades prosperavam com uma economia de moinhos, mercados e indústria.

Dado que a profissão exige uma mobilidade frequente para os campos vizinhos para efetuar operações agrícolas, muitos Reddis, que são migrantes recentes, vivem nos arredores de Kadapa. Quase uma vez em cada três dias, visitam as aldeias dos seus pais, participam nos trabalhos agrícolas e regressam às suas casas em Kadapa. Os Balijas revelam igualmente uma tendência acentuada para residir em zonas ocupadas por membros da sua própria casta. A maior parte deles concentra-se na parte sudeste da antiga Kadapa, que inclui Nagaraju Peta, Koti Reddy Street e Akula Street. Encontram-se dispersos em Yerramukka Palle Street, Ravindra Nagar, Co-operative Colony e Non-Gazatted Officers Colony.

A área residencial total na Corporação Municipal de Kadapa durante o ano de 2011 é de cerca de 16408,84 hectares de terra total. Representa 12,56% da área total. A distribuição espacial mostra que, nos bairros 3, 49 e 45, a percentagem de área residencial é de cerca de 75%. A percentagem mais elevada, de 75,43%, regista-se no bairro 49. Nos bairros

1,4,5,8,11,12,13,15,22,24,27,29,33,37,39,40,42,44,46,47,48 e 50, A percentagem de área residencial varia entre 60 por cento e 70 por cento. A área residencial varia entre 50 e 60 por cento nos bairros 9, 10, 14, 16, 18, 20, 21, 23, 25, 26, 30, 31, 32, 34, 35, 36, 38, 41 e 43. Apenas na ala 6 a área residencial varia de 40 a 50 por cento. Estes bairros possuem uma baixa densidade de residentes e têm uma grande margem para o desenvolvimento futuro da área residencial.

As localidades mais chiques e as zonas de classe alta da cidade são Yerramukka Palli, Ravindra Nagar, Rajareddy Street, Cooperative Colony, Vijayanagara Colony. Todas estas zonas estão situadas no interior da cidade, na parte sudoeste da mesma. Apenas dois quilómetros a sul da zona do bazar, bem dentro da cidade. A leste da zona do bazar estão Gandhi Bazaar e Balaji Nagar. Existem zonas residenciais com rendimentos elevados. As residências da classe alta estão sempre viradas para as ruas largas, enquanto as habitações da classe média se situam numa esquina da rua ou em becos próximos. Os mais pobres vivem, na sua maioria, nas ruelas mais íngremes e menos acessíveis. As residências dos ricos e, em certa medida, as da classe média são acessíveis a bons meios de transporte. Os bens e serviços podem ser facilmente transportados para quase todas as casas destas duas classes. Algumas famílias abastadas ainda possuem casas palacianas com jardins e espaços abertos. No entanto, algumas delas alugaram ou venderam os seus palácios para fins de legação ou do governo e mudaram-se para as localidades nobres. O rápido crescimento geográfico da expansão urbana através de actividades imobiliárias e de desenvolvimento de infra-estruturas pode ser considerado como a verdadeira ameaça (McKinney 2002). Sabe-se que as zonas semi-urbanas são relativamente melhores em termos de cobertura arbórea do que os núcleos urbanos, onde a cobertura arbórea é escassa.

Zona empresarial

Em Kadapa, a extensão comercial é de 56,67 hectares de terreno em 2011. Atualmente, a maioria dos residentes do Vale tem acesso a centros comerciais e lojas nos bairros e aldeias existentes ou perto deles. A procura de oportunidades de compras mais amplas, tais como lojas de "centros comerciais", outlets e centros comerciais regionais, é atualmente satisfeita através da deslocação a comunidades vizinhas, tais como empresas (Comissão de Planeamento, 1995). Com base nos actuais regulamentos de zonamento e na necessidade de servir as populações residenciais em crescimento na região, a perspetiva de desenvolvimento de faixas comerciais em auto-estradas e centros comerciais regionais ao longo das principais estradas da bacia hidrográfica é muito real. Os impactos associados a este tipo de crescimento comercial podem alterar gravemente as qualidades ambientais e paisagísticas da zona e gerar grandes problemas de tráfego. Deve-se pensar cuidadosamente em orientar a localização do novo desenvolvimento comercial para áreas apropriadas perto dos centros populacionais existentes, em reabilitar zonas industriais mais antigas como novas áreas comerciais e em conceber essas áreas comerciais de modo a que sejam amigas dos peões, com parques de estacionamento, passadiços e espaços verdes, em vez de um mar de estacionamento. A seguinte lista de impactos relacionados com o desenvolvimento dos recursos da bacia hidrográfica é aqui enumerada e deve ser considerada por qualquer município na elaboração do seu Plano Global e dos regulamentos de utilização dos solos:

Impacto do aumento do desenvolvimento residencial e comercial no tráfego.

> Tráfego de camiões associado às principais indústrias transformadoras, serviços públicos, pedreiras e aterros sanitários.

> Perda de terras agrícolas e de biodiversidade com o aumento do desenvolvimento.

> Perda da paisagem cénica/histórica que caracteriza o Vale.

> Grandes utilizações industriais - centrais eléctricas, fábricas e gasodutos, linhas de transmissão eléctrica, fibra ótica e impactos ambientais associados.

> Principais utilizações extractivas - pedreiras, reservatórios, madeira, remoção de solo e relva.

A área total de negócios da Corporação Municipal de Kadapa durante o ano de 2011 é de cerca de 56,67 hectares. Representa 0,35 por cento. De igual modo, os terrenos para fins comerciais estão confinados ao longo das principais estradas, com os números 15, 16, 17, 18, 20, 25, 26, 27, 28, 42, 43, 46 e 47. As sete estradas circundam o Janatha Medical Shop, o centro Mee Seva dos bombeiros, o State Bank, o Andhra Bank, o Y.S.R Centre, o District Co-Operative Bank, o Syndicate Bank, o L.I.C Office, o United Nations e a antiga paragem de autocarros.

A zona comercial da cidade de Kadapa inclui toda a área do bazar. Abrange as ruas B.K.M., Y.V. C., Seven Roads, Nagarajupeta e a parte sudoeste da via civil. Nesta zona estão situados os mercados de venda total da cidade, lojas de reparação e fabrico, escolas e colégios, repartições públicas e não governamentais, bancos, hospitais, dispensários, cinemas, hotéis e casas comerciais. As salas superiores e posteriores do bazar são por vezes utilizadas como residências dos comerciantes (Fig.4.2). Como a concorrência pelo negócio na zona do bazar se tornou mais intensa, as unidades mais fracas e menos eficientes deslocam-se para os bairros de

a zona do bazar e transformou-se em extensões como as da Christian lane e da

A rua Rajareddy é uma dessas extensões. As áreas adjacentes à zona do Bazar estão em constante mudança devido à infiltração do comércio e da manufatura desta última. Trata-se, portanto, de uma zona de transição.

A zona do bazar representa um importante ponto de concentração das actividades comerciais. O mercado de Patha Bazaar, em direção à antiga estação de autocarros da cidade, tem o mercado grossista e retalhista de vários produtos agrícolas e não agrícolas. Nesta cidade, o mercado do ouro é o segundo maior mercado do Estado de Andhra Pradesh. A Madras Road, a Trunk Road, a Market Street, a Gandhi Nagar e a Prakasam Road partilham a função económica das ruas acima mencionadas. Embora nelas se encontrem lojas caras e baratas de mercadorias em geral, destacam-se pela sua simplicidade e pelas suas ligações económicas a todo o Estado. De ambos os lados, encontram-se salas de exposição e escritórios regionais de várias empresas.

O padrão de distribuição dos estabelecimentos de restauração e bebidas na cidade de Kadapa é muito variável. Os restaurantes tendem a agrupar-se na zona do bazar, mas estão localizados em subcentros ou noutros pontos onde se concentra um número considerável de pessoas durante o dia ou onde há um tráfego intenso de peões ou automóveis. As vias rápidas estão normalmente repletas de estabelecimentos de restauração e bebidas nas imediações da cidade. As casas de beira de estrada, que servem bebidas alcoólicas governamentais como Toddy, Arrack e comida barata, são essencialmente um fenómeno marginal, normalmente situado muito para além dos limites da cidade. Os bares e restaurantes, por outro lado, estão situados perto do centro da zona comercial, normalmente dentro ou perto dos principais hotéis que servem clientes de fora da cidade, bem como clientes locais.

Zona empresarial da empresa municipal de Kadapa

Fig.4.2

Zona Industrial

A área industrial total na área da Corporação Municipal de Kadapa é de cerca de 205 hectares de terra. Representa 12,56% da área total. As zonas industriais são as seguintes: 3, 4, 14, 15, 27, 31, 42 e 43. O interior de Kadapa é rico em recursos minerais. Em 1961, foi criada uma zona industrial com duas alas: uma no lado sul e outra no lado norte da cidade. Estes estabelecimentos industriais incluem muitas oficinas de engenharia, moinhos de farinha de arroz, uma empresa de rebordeamento de pneus, entre outros, situados em Almaspet, Chiluka bavi, Mochampet, estabelecimentos de fabrico, incluindo persianas, redes de arame, etc., nas alas 2, 15 e 17. Há também um grande número de oficinas de engenharia geral que se dedicam ao fabrico de portões de ferro, grelhas e diferentes tipos de mobiliário de ferro, unidades de mobiliário doméstico e de escritório, almarahas, prateleiras, alfaias agrícolas, unidades de reparação de soldadura de máquinas e fabrico de peças sobressalentes em ferro. Existem seis moinhos de pulverização de barita na cidade de Kadapa, adjacentes a ambos os lados da estação ferroviária. Estas fábricas situam-se perto da estação ferroviária por razões evidentes. Os depósitos de madeira, a tipografia, as indústrias de mobiliário e as indústrias eléctricas estão situados na estrada nacional, Yarramukka palli. A garagem de reparação e as oficinas da A.P.S.R.T.C. encontram-se ao longo da ala 13.

A cidade de Kadapa está a ser desenvolvida como uma série de parques industriais planeados de forma abrangente, com uma mistura de utilizações industriais, de escritórios e de serviços. Embora exista uma pressão contínua do mercado para o desenvolvimento de utilizações de escritórios em vez de utilizações industriais menos geradoras de tráfego, as utilizações a retalho foram restringidas através do processo de desenvolvimento industrial planeado (PID).

Esta subzona contém algumas utilizações industriais ligeiras mais antigas (armazenagem, distribuição por grosso e fabrico) no seu interior; no entanto, o perímetro está em grande parte desenvolvido com utilizações comerciais em banda e escritórios/parques empresariais. Isto teve um efeito tremendo no sistema de ruas circundantes, particularmente na Arts College Road, uma vez que as utilizações comerciais e de escritórios geram substancialmente mais tráfego do que as utilizações industriais de maior dimensão.

O padrão de utilização do solo das indústrias é facilmente distinguível dos padrões das empresas comerciais a retalho e por grosso. Mas mesmo na indústria há muita variabilidade. A produção industrial abrange muitas actividades em que as necessidades espaciais e outras são variadas. As indústrias estão muito dispersas. Na zona do bazar e nas suas imediações, é desenvolvida uma produção considerável como complemento do comércio grossista e retalhista. Em muitos casos, a produção e a venda são combinadas sob o mesmo teto. A maior parte das indústrias artesanais pertence a esta categoria. Os comerciantes de pratas e jóias de ouro desempenham funções duplas de fabrico e distribuição, fabricando e vendendo mercadorias no mesmo edifício. Do mesmo modo, os tecelões são os comerciantes de tecidos nas zonas de bazar.

Outra indústria doméstica importante é a indústria de fabrico de Beedi nesta cidade. Os beedis, ou cigarros do campo, que são fabricados aqui, são maioritariamente consumidos localmente e dentro desta cidade. Existem 15 fábricas de arroz localizadas na cidade e nos seus arredores. Destes 20 moinhos de arroz, oito são descascadores e os restantes são do tipo vendedor. O arroz é cultivado aqui sob a água do canal Kurnool - Cuddapah (K.C. Canal).

Grande número de unidades de polimento de açafrão-da-terra na cidade de Kadapa. O açafrão-da-terra é cultivado, em pequena escala, nos campos e nas aldeias circundantes e, em grande escala, nas aldeias vizinhas. Os agricultores transportam o produto para a cidade. Existem onze serrações espalhadas na periferia da cidade.

Nesta cidade, a Indian Oil Company (IOC) estabeleceu um depósito adjacente à estação ferroviária da cidade (Fig.4.3). O depósito recebe os produtos petrolíferos transportados para o local pelos vagões ferroviários e despacha o petróleo para as cidades e aldeias adjacentes deste distrito através de camiões e camionetas.

Existe uma grande fábrica de cabos (Ranka Cable Corporation) que produz cabos e produtos afins. Esta fábrica está situada entre a zona industrial e a estação ferroviária. De um modo geral, verifica-se que a maioria das indústrias de pequena escala e de menor importância se situa na zona periférica. Ainda mais descentralizadas em termos de localização são as recentes instalações industriais de fabrico de produtos químicos e de reparação, situadas a três quilómetros a leste dos limites da cidade (Kadapa City- Rajampeta). Uma fábrica que produz equipamento elétrico está ainda mais longe, na periferia norte. Todas estas unidades de produção de grande e média dimensão situar-se-ão na zona periférica reservada ao desenvolvimento industrial. Com exceção da fábrica de fabrico de cabos, todas as outras são de pequena dimensão, de acordo com as normas do Governo de Andhra Pradesh/Índia. Os comerciantes retalhistas e grossistas recebem os produtos diretamente das indústrias de pequena escala localizadas no parque industrial.

Na zona industrial foram criadas muitas fábricas de fiação. Existem também seis fábricas de fósforos nesta cidade. Existem várias unidades de polimento de pedra e de fabrico de ardósia, porque a pedra negra está disponível em abundância nas aldeias circundantes. As indústrias da Corporação Municipal de Kadapa são de pequena e média escala. Não existem indústrias de grande escala estabelecidas na empresa municipal de Kadapa.

A APIIC propôs o desenvolvimento de IEI/ID nos seguintes locais (1) Kadapa 500 acres e (2). Foi igualmente proposta uma SEZ para a indústria das TI/ITES numa extensão de 21 acres na aldeia de Putlapalli, Kadapa mandal.

Zona Industrial da Corporação Municipal de Kadapa

Fig.4.3

Zonas públicas e semi públicas

O total de terrenos ocupados por serviços públicos e semipúblicos na Corporação Municipal de Kadapa é de cerca de 448 hectares. Representa 2,73% do total de terrenos. Os terrenos incluídos nesta categoria são instituições de ensino, hospitais, gabinetes governamentais, gabinetes municipais de outras autoridades locais e outras instituições públicas, templos, mesquitas e igrejas, bem como terrenos de utilidade pública e cemitérios.

Os terrenos utilizados para este fim encontram-se nos bairros 7, 2, 11, 15, 16, 18, 23 e 26. No bairro 24 situam-se o gabinete do engenheiro executivo e assistente do canal de alto nível do projeto Telugu Ganga e o gabinete do coletor-adjunto especial para a aquisição de terrenos, o canal de alto nível do projeto Telugu Ganga e a comercialização agrícola (Fig. 4.4). O distrito número 15 é composto pelo Tribunal Municipal e pelo Tribunal de Sessão Distrital. Na ala 16 estão situados os serviços municipais, a estação de rádio All India e na ala 20 estão situados os quartéis da polícia, o quartel dos bombeiros, o gabinete do engenheiro adjunto e o gabinete do engenheiro executivo de R&B. Na ala 16 encontra-se a Biblioteca C.P. Brown. A ala número 15 é constituída pelo Colégio de Artes e a ala número 7 é constituída pela Escola Secundária Municipal, Escola Secundária Urdu. A sede dos correios, o serviço de recolha e o serviço de planeamento urbano estão situados nas proximidades de sete estradas ou do relógio da torre. Na ala número 3, há um gabinete do engenheiro adjunto da APSEB e um quadro de operações da APTRANSCO. As alas 7, 15, 16, 20 e 26 são constituídas pelo hospital público, pelos hospitais multi-especiais de Bollineni e pelo hospital de super-especialidades Apollo.

Zona pública e semipública da empresa municipal de Kadapa

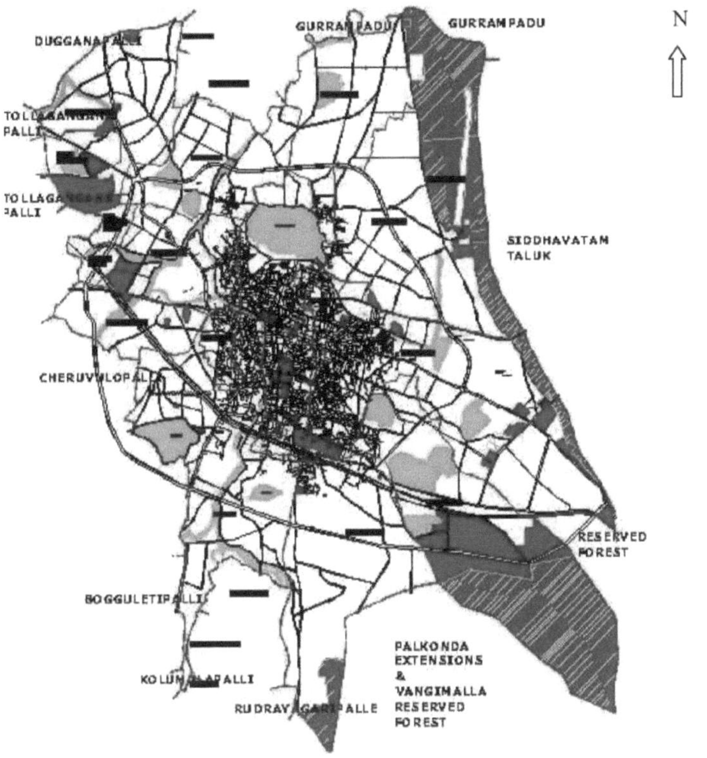

Fig.4.4

Zona de recreio

O total de terras utilizadas para fins recreativos é de cerca de 50,17 hectares. Isto representa 0,31 por cento do total de terrenos. Os terrenos utilizados para fins recreativos encontram-se nos bairros 7, 9, 10, 15, 26 e 27. O bairro nº 7 contém o Parque Municipal de Kadapa. O bairro 15 contém o terreno do Arts College. O Estádio Y.S.R. (RIMS) é o ponto de partida da cidade. Os principais centros recreativos como os teatros ravi, sudh, pratha e laximi ranga estão situados na zona da antiga paragem de autocarros.

Zona de Transportes e Comunicações

O total das terras afectas aos Transportes e Comunicações é de cerca de 371,19 hectares. Representa 2,26 por cento do total de terrenos. Os terrenos desta categoria incluem ruas, estradas, linhas de caminho de ferro e terminais de autocarros. Estão presentes em quase todas as freguesias. Uma área substancial desta categoria encontra-se nos bairros 2, 4, 15, 18, 19, 26 e 28.

Padrão de utilização das terras agrícolas

Em Kadapa, a extensão agrícola é de 10908,87 hectares, o que representa cerca de 66,48% da superfície total. As terras agrícolas concentram-se nas três zonas seguintes: 1) a porção nordeste da bacia hidrográfica (tanque Patha Kadapa), nas cabeceiras de Devuni Kadapa e Patha Kadapa, juntamente com a extensão nordeste da bacia hidrográfica a oeste e a norte da cidade. Esta é a maior concentração de terrenos agrícolas contíguos. 2) A porção noroeste do tanque de Kadapa, juntamente com Almospeta, Alamkhan palle, Nanapalli e Guduru As terras agrícolas adicionais estão dispersas em blocos mais pequenos, seguindo as ruas mais largas de topografia plana. Estes blocos são principalmente separados por terras ao longo de cumes e encostas mais íngremes. As explorações agrícolas da região incluem uma mistura de culturas ou pastagens, incluindo um número relativamente pequeno de explorações leiteiras, explorações de gado bovino, cabras e propriedades equestres. A viabilidade a longo prazo da agricultura na região depende da exploração contínua de terrenos agrícolas em blocos quase contíguos de alguns hectares. As explorações agrícolas contíguas que totalizam esta área de hectares proporcionam uma "massa crítica" de terra numa área que não é quebrada por usos conflituantes, como bairros residenciais ou faixas de auto-estradas comerciais, e permitem que as empresas de abastecimento agrícola continuem a operar na área.

As caraterísticas mais marcantes do padrão de cultivo da Índia são a grande variedade de culturas e a preponderância dos cereais alimentares sobre as culturas não alimentares. O arroz é a principal cultura, que, por si só, representa 60% da área cultivada bruta da cidade de Kadapa. Outras culturas importantes são o arroz, o jowar, o bajra, o milho, o ragi e as leguminosas.

Embora estejam a ser envidados esforços para melhorar a qualidade destas terras através de vários programas de conservação do solo e da água e de desenvolvimento de bacias hidrográficas, existe também uma ameaça crescente de degradação das terras devido à elevada incidência de esgotamento das águas subterrâneas nas zonas de baixa pluviosidade - e devido à má drenagem e gestão dos recursos hídricos, bem como à baixa utilização das águas subterrâneas disponíveis nas zonas de alta pluviosidade. Os esforços desenvolvidos no passado para controlar estas tendências estão longe de ser satisfatórios. Além disso, vários estudos de investigação salientam que, devido à utilização indiscriminada da terra, da água e de outros recursos naturais, existe uma ameaça não só para a sustentabilidade da agricultura, mas também para o sistema global de subsistência das populações em muitas zonas da revolução verde e em zonas não pertencentes à revolução verde.

A experiência passada mostra claramente que os padrões de utilização dos solos determinados pelo mercado têm frequentemente um impacto negativo de grande alcance na equidade e na sustentabilidade da agricultura, bem como no sistema global de subsistência das populações. Por conseguinte, seria necessária regulamentação não só para o acesso igualitário à terra, à água e a outros recursos naturais, mas também para um planeamento adequado da utilização da terra. Mas a questão que se coloca é a de saber como fazer cumprir essa regulamentação. No passado, a maioria das leis fundiárias permaneceu em grande parte ineficaz. Vários governos estaduais aprovaram leis para evitar a conversão de terras agrícolas em usos não agrícolas. Mas, devido a várias forças de mercado, há uma tendência crescente para a conversão de terras agrícolas de primeira qualidade em utilizações não agrícolas, sobretudo em redor dos centros urbanos. Mais recentemente, alguns governos estaduais até flexibilizaram as leis de conversão de terras agrícolas. Deverá haver uma política futura adequada, embora clara, a este respeito? Que tipo de arranjo institucional ou de ação comunitária a nível local seria necessário para planear ou regular os padrões de utilização dos solos com vista a um desenvolvimento eficiente e sustentável? Até que ponto tais regulamentos seriam desejáveis ou eficazes na sequência da liberalização económica.

Cursos de água e massas de água

O total de terras sob cursos de água e massas de água é de cerca de 726,53 hectares. Representa 4,43% do total de terras. Os terrenos sob esta categoria de cursos de água e massas de água situam-se nos bairros 1, 2, 16, 17, 18, 37 e 40. O Bugga Vanka flui na direção sul-norte e é adjacente ao rio Penna nas proximidades da aldeia de Obulampalle. O rio principal Penna corre na direção norte da cidade e o Ralla vanka corre ao lado do rio Penna. As principais massas de água estão localizadas em algumas zonas como Patha Kadapa Cheruvu e Utukuru Cheruvu.

Terrenos vagos

O total de terras devolutas é de cerca de 105,47 hectares. Representa 9,00 por cento do total de terras. Uma área substancial destes terrenos encontra-se nos bairros 1, 2, 3, 4, 31, 33 e 39. Os bairros 17, 18, 28, 26, 27, 28, 43, 45, 35, 38 e 45 não possuem terrenos vagos.

Do estudo da utilização dos solos em 2011, conclui-se que a área residencial e a área semi-pública estão acima do requisito normal de 50,35 por cento e 0,031 por cento, respetivamente. No entanto, os terrenos utilizados para fins comerciais e recreativos, bem como para transportes e comunicações, encontram-se abaixo dos requisitos. Por conseguinte, não estão em conformidade com as normas, o que pode ser atribuído ao crescimento desordenado da Corporação Municipal de Kadapa, pelo que é necessário que o gabinete de planeamento urbano da Corporação Municipal de Kadapa proponha um plano diretor para o desenvolvimento futuro da cidade nos próximos 30 anos. Foi necessária uma abordagem de coordenação entre a população projectada e as necessidades de área urbanizável. As necessidades globais de terrenos para várias utilizações urbanas devem ser calculadas com base na população projectada e na proposta de utilização dos terrenos a adotar pela Corporação Municipal de Kadapa para os próximos trinta anos.

Estudos de tráfego e transportes

A cidade está situada na NH-18, que liga Kurnool a norte e Chittoor a sul. A principal rede rodoviária regional é a estrada Kurnool - Chittur (NH-18), a estrada Madras (SH-31), a estrada Kadapa Vempalle, a estrada Kadapa - Siddhavatam. A cidade também tem um lugar no mapa ferroviário do país, com a linha de bitola larga Chennai - Mumbai a passar pela parte sul da cidade (Fig. 4.6).

Rede rodoviária e hierarquia das estradas

A rede rodoviária principal da cidade é composta por 2 corredores Norte-Sul (NS) e 5 corredores Este-Oeste (EW), nomeadamente

- NH-18 (NS)
- Estrada Bugga e Estrada Nacional (NS)
- Estrada de Bellary (EW)
- Estrada de Madras e estrada de Pulivendla (EW)
- Fakir Palle Road, RTC Bus Stand Road
- Estrada de Dhobi Ghat (EW)
- Estrada do Colégio das Artes (EW)

As principais estradas radiais da cidade são

- NH-18 - Kurnool a Chittor
- Estrada de Madras - Kadapa para Madras
- Estrada de Siddhavatnam
- Estrada Vempalli

O modo de transporte público, especialmente o autocarro, tem muitas vantagens para uma cidade. Pode transportar muito mais pessoas para o espaço de rua que ocupa, as ruas podem ficar descongestionadas e as deslocações podem ser mais rápidas. Os problemas associados ao espaço de estacionamento para veículos de duas rodas e automóveis podem ser resolvidos em certa medida. Outra vantagem importante é que o consumo de petróleo pode ser reduzido e a poluição pode ser minimizada. Além disso, o transporte de autocarro é um trabalho intensivo e pode dar emprego aos desempregados.

Cidade de Kadapa e sistema de transportes públicos

Atualmente, a cidade de Kadapa não dispõe de um sistema de transportes públicos intra-urbanos bem definido. Está ligada a outras partes do país através de comboios e autocarros regionais. Existe apenas um sistema de transporte intermédio sob a forma de auto-riquixás, que substituem os autocarros.

Conceitos

medida que o município de Kadapa se desenvolve nos anos seguintes, a procura de transportes também aumenta. O plano de transportes tem de ser preparado para satisfazer as necessidades crescentes de mobilidade e a procura de viagens da zona de estudo no ano horizonte de uma forma económica, eficaz e eficiente, prestando a devida atenção à deterioração da situação ambiental. Embora a população no ano horizonte se aproxime dos 6 lakhs, a área coberta é bastante reduzida para um funcionamento eficiente dos autocarros urbanos. Além disso, a duração média das viagens é baixa (cerca de 3 km), o que pode não incentivar as pessoas a utilizarem muito os transportes públicos. Tendo em conta o padrão de viagem, o padrão da rede rodoviária e os dados do inventário rodoviário, propõe-se a introdução de serviços de miniautocarros nas estradas urbanas de grande procura, que serão alargados às zonas periféricas. A introdução do serviço de miniautocarros em fases ajudará o sistema global de transportes das seguintes formas

> Redução do número de modos personalizados na estrada, reduzindo assim congestionamento.

> Atualização das condições ambientais.

> Redução significativa dos custos de exploração dos veículos.

Nenhum outro modo de transporte público foi considerado adequado para uma cidade da dimensão de Kadapa. Os autocarros normais não foram considerados devido aos custos de exploração mais elevados, ao tempo de espera mais longo para os passageiros e ao funcionamento eficiente nas estradas da cidade.

Rotas de autocarro identificadas

O plano de encaminhamento para os próximos cinco anos foi feito tendo em conta o atual padrão de viagens, a atividade, as áreas de concentração populacional, as caraterísticas da rede rodoviária e os futuros desenvolvimentos na periferia. A introdução de serviços de autocarros nos itinerários sugeridos pode ser feita por fases. Nos primeiros anos, os autocarros podem ser introduzidos em algumas rotas. Mais tarde, depois de avaliar a reação da população, o serviço pode ser aumentado com a introdução de novas rotas e o aumento do número de autocarros. A extensão das rotas para além do atual limite municipal irá desencadear um maior desenvolvimento na região, onde a acessibilidade é atualmente um obstáculo. A extensão das rotas para além do atual limite municipal irá desencadear um maior desenvolvimento na região, onde a acessibilidade é atualmente um obstáculo. O plano de traçado é apresentado na Fig. 4.5.

Corporação Municipal de Kadapa Transportes

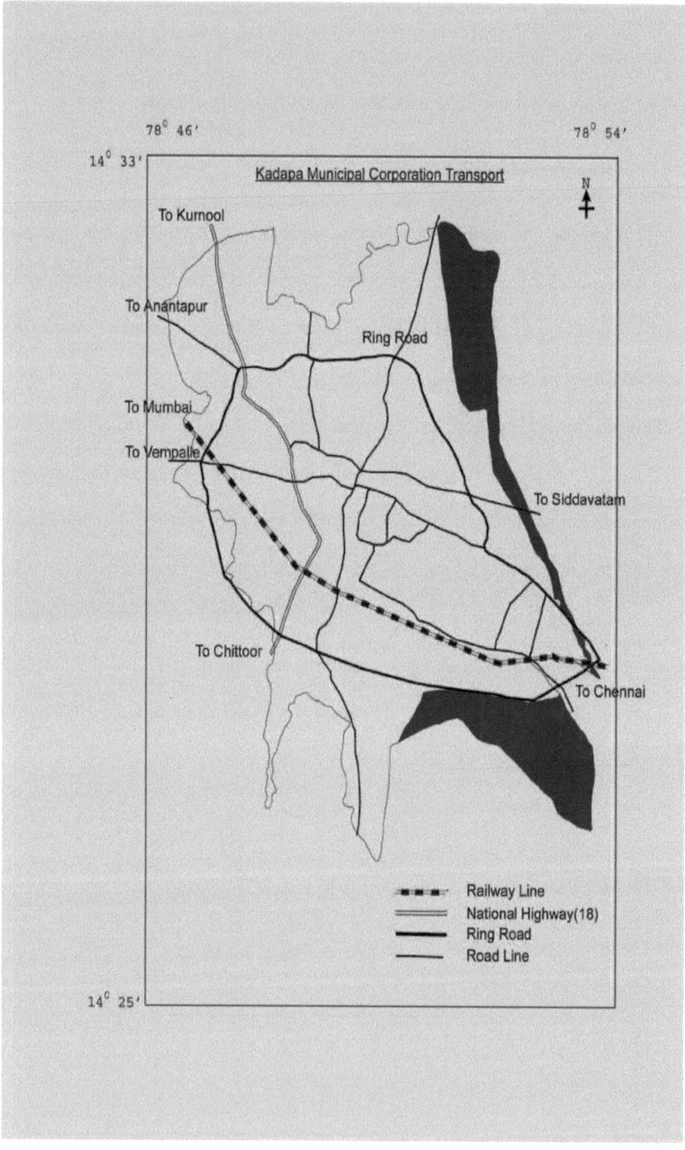

Fig. 4.5

CAPÍTULO 5

POLUIÇÃO AMBIENTAL DA CIDADE DE KADAPA

Introdução

A poluição ambiental tornou-se um grande problema no mundo durante o século XXI devido à urbanização e à industrialização. Neste domínio, a poluição do ar domina os outros devido à facilidade de propagação dos contaminantes. Devido à urbanização e à industrialização, a qualidade do ar tem vindo a diminuir.

A poluição ambiental é uma das principais preocupações mundiais da atualidade. Também na Índia estamos a enfrentar muitos problemas ambientais. O público em geral e a geração jovem em particular devem empenhar-se em reduzir este problema candente da poluição e em proteger o nosso ambiente. Para atingir este objetivo, deve ser lançada uma campanha de sensibilização em massa. Neste contexto, o atual currículo dá muita importância a temas como a poluição, as suas causas e as medidas de controlo a tomar, etc.

O rápido crescimento industrial e económico dos países em desenvolvimento da Ásia aumentou a urbanização e a pressão populacional sobre os governos locais e nacionais para que estes acompanhem o ritmo dos sistemas de gestão ambiental urbana, de modo a satisfazer as necessidades das cidades em expansão, com inúmeros parâmetros de gestão. As estratégias de redução da poluição atmosférica, os planos de gestão dos resíduos sólidos, o abastecimento de água e o controlo das águas residuais e dos sistemas de esgotos são os elementos essenciais da gestão ambiental. Neste contexto, a energia desempenha um papel crucial em todos os planos de desenvolvimento para permitir uma cidade habitável. Por conseguinte, a governação urbana é desafiada pela rápida globalização e pela necessidade de fornecer comodidades básicas à população.

Definição

A poluição pode ser definida como uma alteração indesejável das caraterísticas físicas, químicas e biológicas do ar, da água, do solo, etc., que afecta negativamente a nossa vida. Os agentes que poluem o ambiente são designados por poluentes.

Basicamente, o nosso ambiente é composto por atmosfera, terra, água e espaço. Na ausência de poluição, mantém-se limpo e agradável. A interação entre a atmosfera, a litosfera, a hidrosfera e a biosfera dura há anos. Devido às várias actividades do homem, a composição e a natureza complexa do ambiente são alteradas. Estas actividades incluem a industrialização, a construção e os transportes. Estas actividades, embora desejáveis para o desenvolvimento e o bem-estar do homem, levam à produção e libertação de materiais nocivos no ambiente, tornando-o assim nocivo e tornando a nossa vida miserável.

O ambiente natural é limpo, mas, devido às múltiplas actividades do homem, fica poluído, dando origem ao que se designa por poluição ambiental. O nosso principal objetivo deveria ser manter o nosso ambiente limpo, reduzindo as actividades industriais. No entanto, para acompanhar o ritmo da rápida industrialização em todo o mundo, um país em desenvolvimento como a Índia não se pode dar ao luxo de travar o seu crescimento industrial. Podemos selecionar processos industriais que causem uma poluição mínima ou nula. Além disso, é necessário adotar medidas de controlo da poluição, de modo a permitir-nos manter o nosso ambiente tão limpo quanto possível.

O nosso ambiente é complexo. Fica contaminado com o desenvolvimento das actividades industriais. Para compreender esta natureza complexa do ambiente, precisamos de conhecimentos de todas as disciplinas das ciências químicas, físicas e biológicas. Para conceber medidas de controlo, precisamos de conhecimentos de engenharia e tecnologia. A ciência e a engenharia do ambiente têm um carácter interdisciplinar. Para compreender a atmosfera, são necessários conhecimentos de física e meteorologia, enquanto para conhecer a hidrosfera e o ar são necessários conhecimentos de química. O comportamento complexo dos organismos vivos pode ser realmente explicado com conhecimentos das ciências da vida. A interação na litosfera pode ser mais bem compreendida a partir dos princípios das ciências da terra, enquanto todo o mecanismo de controlo só pode ser concebido com conhecimentos intrincados de engenharia e tecnologia. No processo de medição, recolhemos dados enormes, que só podem ser interpretados e compreendidos se estivermos familiarizados com a análise estatística, a programação informática e a modelação ambiental. É necessário fazer um esforço concertado para manter o nosso ambiente limpo. Isso conduzirá a uma melhoria das nossas vidas e a uma coexistência pacífica na Terra.

A urbanização é um processo que leva ao crescimento das cidades devido à industrialização e ao desenvolvimento económico, e que conduz a mudanças específicas das cidades na especialização, na divisão do trabalho e nos comportamentos humanos. A população está a crescer a um ritmo de cerca de 17 milhões por ano, o que significa um número impressionante de 45 000 nascimentos por dia e 31 nascimentos por minuto. Se a tendência atual se mantiver, no ano 2050, a Índia terá 1620 milhões de habitantes. Devido à urbanização descontrolada na Índia, a degradação ambiental tem vindo a ocorrer muito rapidamente e a causar muitos problemas, como a falta de habitação, a deterioração da qualidade da água, a poluição excessiva do ar, o ruído, o pó e o calor, e os problemas de eliminação de resíduos sólidos e de resíduos perigosos.

Impactos da urbanização em vários componentes do ambiente

Provavelmente, a maioria dos principais problemas ambientais do próximo século resultará da continuação e do agravamento de problemas existentes que atualmente não recebem a devida atenção política. Os problemas não são necessariamente detectados em muitas cidades ou então nada é feito mesmo que a situação tenha sido detectada. As questões mais emergentes são as alterações climáticas, a escassez de água doce, a desflorestação, a poluição da água doce e o crescimento demográfico. Estes problemas são muito complexos e as suas interações são difíceis de definir. É muito importante analisar os problemas através do sistema sócio-económico-cultural. Embora as interconexões entre os problemas ambientais sejam agora mais conhecidas, ainda nos falta informação exacta sobre a forma como as questões estão ligadas, em que medida interagem e quais são as medidas mais eficazes. Um problema consiste em integrar o planeamento da utilização da terra e da água para garantir a segurança alimentar e hídrica (PNUA 1999).

A principal população urbana do município de Kadapa é o desenvolvimento desequilibrado da empresa municipal, a poluição (poluição do ar, sonora, da água e das poeiras), o desenvolvimento de bairros de lata urbanos, a escassez de habitação, a zona comercial central altamente congestionada da empresa municipal de Kadapa, a elevada intensidade da concentração residencial na antiga zona de paragem de autocarros, a ausência de zonas comerciais organizadas e de centros comerciais com estacionamento e instalações de armazenamento suficientes, a falta de serviços urbanos adequados, como o abastecimento de água, a drenagem, o tráfego e os transportes, o padrão de circulação estreito das estradas na antiga zona de paragem de autocarros, o desenvolvimento de bairros de lata, a invasão de tanques e a eliminação de resíduos sólidos.

Poluição atmosférica

O ar é um dos constituintes mais importantes do ambiente do homem. Calcula-se que um homem respira cerca de 22000 vezes por dia, inalando cerca de 16 kg de ar por peso. Por conseguinte, o ar limpo e puro é essencial para a sua saúde e sobrevivência. Uma definição completa de poluição atmosférica, dada no dicionário de termos ambientais de Alan Gilpain, é a seguinte: "substâncias presentes na atmosfera em concentrações suficientemente elevadas para interferir diretamente e em diretório com o comportamento, a segurança e a saúde do homem ou com a plena utilização ou usufruto da sua propriedade". De acordo com a Lei indiana sobre o Ar (Prevenção e Controlo da Poluição), de 1981, entende-se por poluição do ar qualquer substância sólida, líquida ou gasosa presente na atmosfera numa concentração tal que possa ou tenda a ser prejudicial para os seres humanos ou outros seres vivos ou plantas ou para a sua propriedade ou usufruto. Em termos muito simples, a poluição atmosférica significa a presença de poluição atmosférica na atmosfera.

De acordo com o Indian Amendment Act, entende-se por poluição atmosférica quaisquer substâncias sólidas, líquidas ou gasosas presentes na atmosfera numa concentração tal que possa tender a ser

prejudiciais para o ser humano ou para outros seres vivos ou plantas ou para a propriedade ou usufruto.

A poluição atmosférica é a presença de substâncias no ar em concentração suficiente e durante um período de tempo suficiente para serem ou ameaçarem ser prejudiciais para a vida humana, vegetal ou animal, ou para a propriedade, ou que interfiram razoavelmente com o gozo confortável da vida e da propriedade.

Os poluentes atmosféricos resultam de processos naturais e artificiais. Os poluentes são também definidos como poluentes primários, resultantes da combustão de combustíveis e de operações industriais, e como poluentes secundários, aqueles que são produzidos devido à reação dos poluentes primários na atmosfera. A qualidade do ar ambiente pode ser definida pela concentração de um conjunto de poluentes que podem estar presentes no ar ambiente que respiramos. Estes poluentes podem ser designados por poluentes critério. As normas de emissão exprimem as concentrações admissíveis de um contaminante no ponto de descarga antes de qualquer mistura com o ar circundante.

A poluição atmosférica da Corporação Municipal de Kadapa tem sido muito elevada devido às descargas de gases de escape de veículos automóveis em Almaspeta, Mochampeta, Chilakal bhavi, Seven roads, Nagaraja peta, Madras road, R.T.C. Bustand road e railway station road. Nestas estradas, o fluxo médio de veículos de duas rodas, três rodas e quatro rodas é superior a 9.450. O monóxido de carbono, o vapor orgânico mortal, o composto sulfuroso e as substâncias tóxicas libertadas por estes veículos estão a criar poluição atmosférica.

O dióxido de enxofre (SO2) é um gás tóxico com um odor pungente e irritante, que é libertado pelos vulcões e em vários processos industriais. Uma vez que o carvão e o petróleo contêm frequentemente compostos de enxofre, a sua combustão gera dióxido de enxofre, a menos que os compostos de enxofre sejam removidos antes da queima do combustível. A oxidação posterior do SO2, normalmente na presença de um catalisador como o NO2, forma H2SO4 e, consequentemente, chuva ácida.

As emissões de dióxido de enxofre são também um precursor de partículas na atmosfera. Ambos os impactos são motivo de preocupação no que respeita ao impacto ambiental destes combustíveis.

Altas concentrações de dióxido de enxofre podem resultar em problemas respiratórios em crianças asmáticas e adultos que praticam actividades ao ar livre. A exposição a curto prazo tem sido associada a pieira, aperto no peito e falta de ar. Outros efeitos associados à exposição a longo prazo ao dióxido de enxofre, em conjunto com níveis elevados de partículas de fuligem, incluem doenças respiratórias, alterações nas defesas dos pulmões e agravamento de doenças cardiovasculares existentes.

O dióxido de enxofre e os óxidos de azoto são os principais precursores da chuva ácida, que acidificou solos, lagos e cursos de água, acelerou a corrosão de edifícios e monumentos e reduziu a visibilidade. O dióxido de enxofre é também um dos principais precursores de partículas finas de fuligem, que representam uma ameaça significativa para a saúde.

Os óxidos de azoto são formados durante os processos de combustão a alta temperatura a partir da oxidação do azoto no ar ou no combustível. A principal fonte de óxidos de azoto - óxido nítrico (NO) e dióxido de azoto (NO2), conhecidos coletivamente como NOx - é o tráfego rodoviário. As concentrações de NO e NO2 são, por conseguinte, mais elevadas nas zonas urbanas, onde o tráfego é mais intenso. Outras fontes importantes são as centrais eléctricas, as instalações de aquecimento e os processos industriais.

A exposição a curto prazo pode provocar o aumento de doenças respiratórias em crianças pequenas e prejudicar a função pulmonar em pessoas com doenças respiratórias existentes. A exposição a longo prazo pode levar a uma maior suscetibilidade a infecções respiratórias e pode causar alterações nos pulmões (os óxidos de azoto também podem ser transformados na atmosfera em ozono ou em partículas finas de fuligem - ambos associados a efeitos adversos graves para a saúde).

Os óxidos de azoto contribuem para a formação de chuvas ácidas. Além disso, este poluente pode causar uma vasta gama de danos ambientais, incluindo a diminuição da visibilidade e a eutrofização - ou seja, o crescimento explosivo de algas que pode esgotar o oxigénio em massas de água como a Baía de Chesapeake.

O dióxido de carbono (CO2) é o principal gás com efeito de estufa emitido pelas actividades humanas. Em 2011, o CO2 foi responsável por cerca de 84% de todas as emissões de gases com efeito de estufa provenientes de actividades humanas nos EUA.

O dióxido de carbono está naturalmente presente na atmosfera como parte do ciclo do carbono da Terra (a circulação natural do carbono entre a atmosfera, os oceanos, o solo, as plantas e os animais). As actividades humanas estão a alterar o ciclo do carbono - quer adicionando mais CO2 à atmosfera, quer influenciando a capacidade dos sumidouros naturais, como as florestas, para remover o CO2 da atmosfera. Embora as emissões de CO2 provenham de uma variedade de fontes naturais, as emissões relacionadas com o homem são responsáveis pelo aumento que se registou na atmosfera desde a revolução industrial.

A principal atividade humana que emite CO2 é a combustão de combustíveis fósseis (carvão, gás natural e petróleo) para fins energéticos e de transporte, embora certos processos industriais e alterações na utilização dos solos também emitam CO2. As principais fontes de emissões de CO2 nos Estados Unidos são descritas de seguida.

Os impactos ambientais do dióxido de carbono quando este se encontra acima dos seus níveis admissíveis. Embora represente menos de 1% dos gases atmosféricos, quando o seu nível aumenta na atmosfera tem consequências graves como o aquecimento global, a acidificação dos rios, etc. O efeito da chuva ácida na acidificação dos lagos ao longo da linha de água é também estudado. O aumento da dissolução de CO2 na água dos lagos provoca descalcificação que perturba o ecossistema lacustre. A concentração de iões carbonato e bicarbonato é estudada e comparada com outras referências ao longo da linha do lago e da área da corporação municipal. O dióxido de carbono está a ser libertado a um ritmo alarmante devido à rápida industrialização e é um poluente importante numa das cidades mais desenvolvidas como a cidade de Kadapa.

Monitorização da qualidade do ar ambiente no estado da cidade de Kadapa

A monitorização do ar ambiente é essencial para avaliar o cumprimento das normas. Fornece dados primários para estimar os níveis de qualidade do ar ambiente e a sua deterioração/melhoria ao longo de um período de tempo.

As redes de monitorização da qualidade do ar no ambiente são estabelecidas para recolher amostras da poluição numa variedade de locais representativos, para avaliar os efeitos na saúde e no bem-estar e para ajudar a determinar as fontes de poluição do ar.

Qualidade do ar ambiente na cidade de Kadapa

A cidade de Kadapa é uma empresa municipal na região de Rayalaseema. É a capital de Y.S.R. Kadapa no estado de Andhra Pradesh. Esta cidade registou um rápido crescimento em termos de atividade económica, com a criação de vários tipos de indústrias, entre as quais se destacam as indústrias de medicamentos a granel, as indústrias mineiras e as indústrias de cimento. Este facto incentivou a migração em grande escala para a cidade em busca de oportunidades. A população da aglomeração urbana de Kadapa abrange as três cidades de Kadapa, Chennur e Kamalapuram. As zonas industriais, inicialmente situadas na periferia, estão agora integradas na cidade com a invasão de colónias residenciais e a expansão para o exterior. O lago no sector dos serviços e as oportunidades de investimento aumentaram os rendimentos e, consequentemente, o poder de compra. Isto resultou na preferência por veículos pessoais. Atualmente, há 0,4 milhões de veículos a circular nas congestionadas estradas da cidade. O crescimento do número de veículos de duas rodas e de automóveis é significativo. O resultado final é o aumento da poluição atmosférica.

Poluição da água

A poluição da água foi estudada em pormenor. A eliminação indiscriminada da água após a sua utilização sob a forma de resíduos provoca a poluição da água. O trágico incidente de Minnamata, no Japão, é bem conhecido. Uma fábrica de papel que utilizava compostos de mercúrio despejou descuidadamente os seus efluentes residuais no mar, formando (CH3)2Hg e

(CH3CH2)2Hg, que, por sua vez, era consumido pelos peixes marinhos. Os japoneses que consumiram esse peixe apresentaram sintomas de envenenamento por mercúrio, como gengivite, vómitos, febre, diarreia, paralisia das extremidades, etc. Registaram-se vários casos de morte de flora marinha e de peixes no mar, devido à desoxigenação da água, talvez devido à poluição térmica. A maior parte dos rios de Andhra Pradesh estão poluídos devido à atividade industrial.

O pH e a concentração de iões carbonato e bi-carbonato são estudados em várias amostras do rio do lago Kadapa recolhidas em dezembro de 2010 e de janeiro a agosto de 2011. A afinidade do dióxido de carbono em relação à água do mar também é estudada em comparação com várias outras amostras, como água municipal, água da chuva e água destilada.

Procedimentos

Materiais e aparelhos

Frascos de polietileno (500 ml), bureta, pipeta, erlenmeyer (200 ml), indicador de fenolftaleína, indicador de alaranjado de metilo, HCl 0,1N, medidor de pH, solução tampão (pH 4,0 e 10,0).

Procedimento I

- As amostras de água do lago Kadapa são recolhidas em garrafas de polietileno.
- Colocar 25 ml de amostra num copo.
- O medidor de pH é calibrado com soluções tampão, a temperatura é fixada em 26^0 c.
- O pH da amostra é verificado e o processo é continuado por três vezes e o valor concorrente é anotado, o que dá o pH da água do lago.

Um estudo sobre a acidificação do lago devido ao dióxido de carbono ao longo da área do lago de kadapa (Urbano)

- Procedimento para o cálculo da concentração de iões de carbonato e bicarbonato
- Pipetar 20 ml de amostra de água do mar para um erlenmeyer. Adicionam-se-lhe 3-4 gotas de fenolftaleína.
- A bureta é enchida com Hcl 0,1N.
- A amostra de água do lago num erlenmeyer é titulada com Hcl 0,1N até ao desaparecimento da cor rosa.
- As leituras são anotadas e repetidas para obter três leituras concordantes.
- Colocar 20 ml da mesma amostra de água do lago num erlenmeyer e adicionar o

indicador laranja de metilo.

> Titula-se com Hcl 0,1N até se obter uma cor vermelha.

> As observações são registadas e repetidas até se obterem três leituras concordantes, o que dá o volume de ácido consumido.

Cálculos

As observações (a) utilizando fenolftaleína e (b) utilizando alaranjado de metilo são tabeladas e substituídas na equação:

N1V1 (Hcl) = N2V2

Onde, N1 = normalidade do Hcl (0,1N); V1 = volume de ácido consumido;

N2 = normalidade da água do mar, V2 = volume de água do mar recolhido (20 ml).

A partir daí, calcula-se a alcalinidade da fenolftaleína (P) e do alaranjado de metilo (M) em relação a ppm de CaCo3.

E se, P<1/2 M, então a alcalinidade é devida a iões carbonato e bi-carbonato.

Concentração do ião carbonato = 2P * (30/50) mg/L; concentração do ião bi-carbonato = (M- 2P) * (61/50) mg/L.

Se P = 0, então a alcalinidade é devida a iões bi-carbonato.

Concentração do ião bicarbonato = (M * 61)/ 50 mg/L.

Procedimento II: Afinidade do dióxido de carbono em relação à água do lago Kadapa

> A bureta está cheia com 11,6N Hcl.

> 4g de $NaHCO_3$ são recolhidos num aparelho especial (um balão volumétrico com uma bureta inserida e uma abertura

> ao qual está ligado um tubo que passa por NH_3 (para remover o HCl não reagido) e é mergulhado na amostra a analisar.

> O pH da amostra a ser analisada é medido.

> Agora, o ácido é escoado, libertando CO_2 que é bombeado para a amostra, ou seja

Rio do lago Kadapa (20 ml).

> Em seguida, a amostra é agitada com uma vareta de vidro e deixada durante 15 segundos, anotando-se o pH da amostra.

> O mesmo procedimento é repetido para a água municipal, a água da chuva e a água destilada.

Quadro 5.1

Afinidade do dióxido de carbono com diferentes amostras

Sample	pH
Kadapa Lake water	6.89
Municipal water	5.23
Distilled water	4.84
Rain water	4.26

pH das amostras recolhidas (20 ml)

Afinidade do dióxido de carbono com diferentes amostras

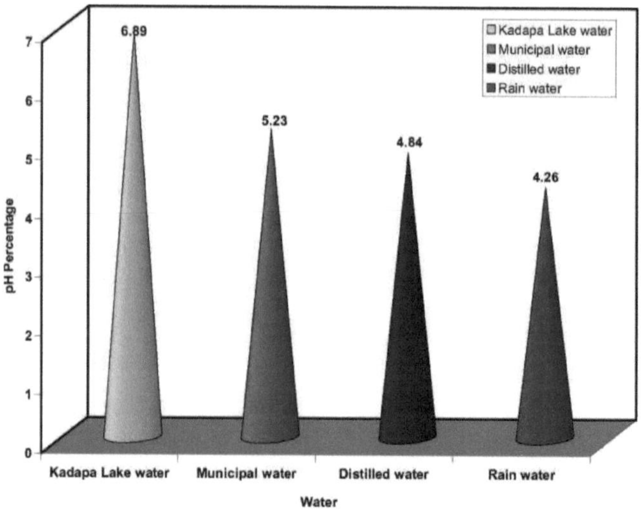

Fig. 5.1

Quadro 5.2

pH das amostras após bombagem de CO_2

Sample	pH
Kadapa Lake water	4.75
Municipal water	4.98
Distilled water	4.52
Rain water	4.03

pH das amostras após bombagem de CO_2

pH of Samples after CO_2 Pumping

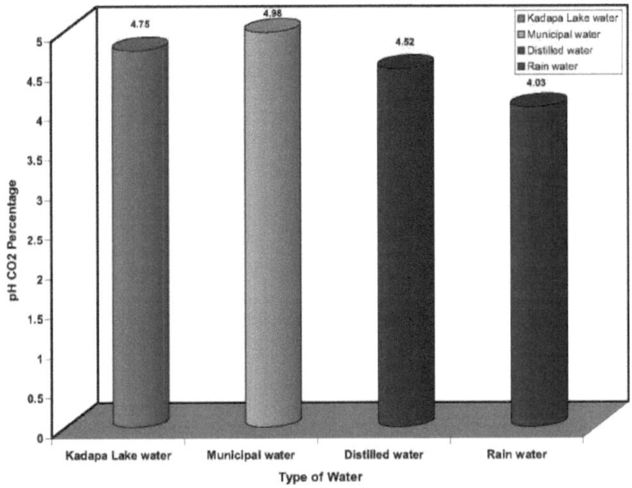

Fig. 5.2

Tabela 5.3

pH das amostras de água do lago recolhidas em dezembro (2010), janeiro a agosto de 2011

Sample	No	pH
December	1	6.89
January	2	6.89
February	3	6.89
March	4	6.89
April	5	6.88
May	6	6.88
June	7	6.88
July	8	6.88
August	9	6.88

(**Nota**: Estas amostras foram colhidas em dias secos; as amostras n.º 5, 6,7,8,9 foram Recolha num ponto diferente, ou seja, na cidade principal)

junho a agosto (2011)

Month	Sample No	pH
June	10	6.81
July	11	6.81
August	12	6.83

(**Nota**: Estas amostras foram recolhidas após a chuva)

Quadro 5.4

Demonstração da força do carbonato e do biocarbonato

Iões nas amostras de água do lago recolhidas

Carbonate Ion Concentration	
Sample No	**Concentration**
1	70 ppm
2	70 ppm
3	69 ppm
4	68 ppm
5	67 ppm
6	66 ppm
7	64 ppm
8	63 ppm
9	62 ppm
10	61 ppm

Quadro 5.5

Concentração de iões de bicarbonato

Sample No	Concentration
1	44 ppm
2	45 ppm
3	46 ppm
4	47 ppm
5	48 ppm
6	49 ppm
7	50 ppm
8	51 ppm
9	52 ppm
10	53 ppm
11	54 ppm
12	55 ppm

Conclusões

> A afinidade do CO_2 é maior para a água do lago quando comparada com outras amostras de água.

> À medida que a acidez da água do lago aumenta, a concentração de iões carbonato diminui.

> A concentração de ião bi-carbonato aumenta à medida que o pH diminui (devido à formação de ácido carbónico)

> O pH das amostras de água do lago recolhidas pouco depois da chuva é menor e a concentração de iões carbonato é também menor do que a das amostras recolhidas num dia seco.

> A acidificação dos lagos está a ocorrer de forma lenta, mas a situação tem de ser monitorizada e a melhor forma de o fazer é reduzir as emissões de dióxido de carbono ou o seu sequestro.

Poluição sonora

O som que é agradável aos ouvidos, que é doce e que dá conforto, como as notas musicais, é definido como som. Enquanto que um som penetrante e incómodo, que cria stress psicológico, é designado por ruído. A palavra ruído deriva da palavra latina nausea. É geralmente definido como um som desagradável ou de intensidade desejável, ou um som sem valor que causa desconforto ao ouvinte. Em direito, pode ser definido como um som excessivo, persistente ou assustador.

A poluição sonora não é apenas um problema dos países avançados, mas começou a levantar a sua cabeça feia também nos países em desenvolvimento e a Índia não é exceção. A Índia é um país que adora o ruído; em todas as ocasiões, desde o nascimento até à morte, o ruído intenso e o bazar de bandas fazem parte da nossa cultura. A utilização de altifalantes a todo o volume é a prática mais comum em todas as funções religiosas, culturais e sociais. Com a revolução industrial, a explosão demográfica e o aumento dos veículos automóveis, a situação tornou-se alarmante.

A maior parte das principais fontes de ruído enquadra-se nas seguintes categorias: tráfego rodoviário, aeronaves, caminhos-de-ferro, construções, indústrias, ruído em edifícios e produtos de consumo.

Qualquer valor entre 50 e 90 dB é considerado ruído. Um ruído superior a 90120 dB é considerado perigoso para a saúde. Os aparelhos de entretenimento (tabala, harmónio, utensílios de metal), as ventoinhas, os aparelhos de ar condicionado, as máquinas de lavar roupa, os motores de relva, os aparelhos de cozinha (aspirador, misturadores de alimentos, panelas de pressão, etc.) são fontes comuns de ruído doméstico.

Quadro 5.6

Níveis médios mensais de ruído (máx. e mín.) monitorizados em dois locais na
cidade de Kadapa de abril-2010-2011

Month	Location-1		Location-2	
	APSRTC Bus Stand in db(a)		Rajiv Srumthi vanam in db(a)	
	Max	Min	Max	Min
April	88.6	68.3	52.4	41.6
May	87.4	62.6	53.5	42.2
June	85.5	71.5	51.3	41.8
July	83.4	70.4	50.8	40.5
August	86.3	62.5	49.3	40.2
September	87.6	63.8	48.9	40.0
October	90.2	71.5	48.5	40.5
November	86.5	64.5	53.7	41.8
December	85.7	65.6	54.2	41.6
January	86.8	67.4	55.6	42.3
February	88.2	68.5	54.6	41.2
March	89.6	67.3	53.3	42.6

Para efeitos de análise, o investigador recolheu e calculou os dados por ano, como 2010-11, 2011-12 e 2012-13. Os dados relativos à poluição sonora são recolhidos em níveis médios mensais de ruído - mínimo e máximo - monitorizados em dois locais na área do município de Kadapa de 2010 a 2011 (Quadro n.º 5.6). Os níveis médios mensais de ruído em dois locais, um é a área de A.P.S.R.T.C. Bus Stand e o outro é Rajiv Sruthivanam em decibéis, o máximo no mês de outubro é de 90,2 dB e o mínimo é de 62,5dB, na área de A.P.S.R.T.C. Bus Stand e na área de Rajiv Sruthivanam no mês de janeiro é o máximo de 55,6 dB e o mínimo é de 40,0 dB no mês de setembro. O gráfico seguinte mostra que os dois locais são identificados em termos de variáveis nos meses de abril a março. Os decibéis são elevados na zona da paragem de autocarros de A.P.S.R.T.C. e são muito elevados em comparação com Rajiv Sruthivanam, devido ao tráfego intenso de veículos de duas e quatro rodas que buzinam (Fig. 5.4).

Níveis médios mensais de ruído (máx. e mín.) monitorizados em dois locais na cidade de Kadapa de abril-2010-2011

APSRTC BUS STAND Location -I

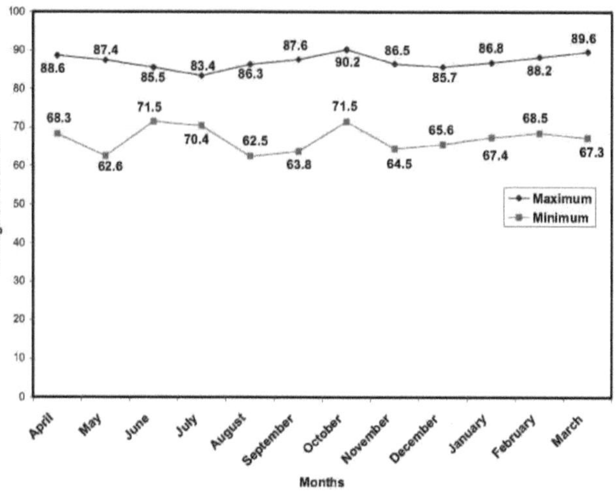

RAJIV SRUMTHI VANAM Location – II

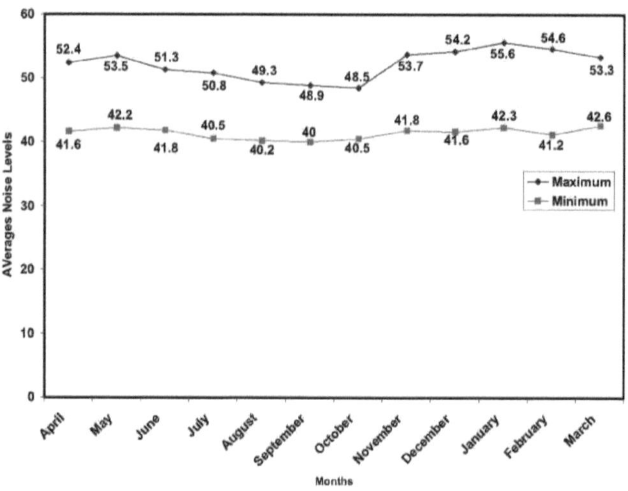

Fig.5.3

Quadro 5.7

Níveis médios mensais de ruído (máximo e mínimo) monitorizados em dois locais na cidade de Kadapa de abril-2011-2012

Month	Location-1		Location-2	
	APSRTC Bus Stand in dB(a)		Rajiv Srumthi vanam in dB(a)	
	Max	Min	Max	Min
April	89.2	70.2	53.2	42.3
May	88.6	64.9	54.6	43.2
June	87.3	64.2	53.3	42.8
July	85.2	63.7	51.8	41.2
August	86.8	64.2	50.6	41.0
September	88.2	65.4	49.4	39.5
October	91.4	73.5	51.5	41.5
November	87.2	63.4	54.7	42.4
December	85.8	62.9	56.2	43.4
January	84.9	63.4	57.3	44.2
February	86.4	64.6	58.6	44.8
March	87.3	65.3	56.3	41.4

Níveis médios mensais de ruído (máximo e mínimo) monitorizados em dois locais na cidade de Kadapa durante o ano de 2011-2012. Os níveis médios mensais de ruído em dois locais, um é a área de A.P.S.R.T.C. Bus Stand e outro é Rajiv Srumthi vanam em decibéis, o máximo no mês de outubro é 91.4 dB e o mínimo é 62,9 dB no mês de dezembro na zona de A.P.S.R.T.C. Bus Stand e na zona de Rajiv Srumthi vanam no mês de fevereiro o máximo é 58,6 dB e o mínimo é 39,5 dB no mês de setembro. O gráfico seguinte mostra que as duas localizações são identificadas em variáveis nos meses de abril a março. Aqui, os decibéis são elevados na zona da paragem de autocarros de A.P.S.R.T.C. e são muito elevados em comparação com Rajiv Sruthivanam, devido ao tráfego intenso de veículos de duas e quatro rodas que buzinam (Fig. 5.5).

Níveis médios mensais de ruído (máx. e mín.) monitorizados em dois locais na cidade de Kadapa, de abril de 2011 a 2012

APSRTC BUS STAND Location -I

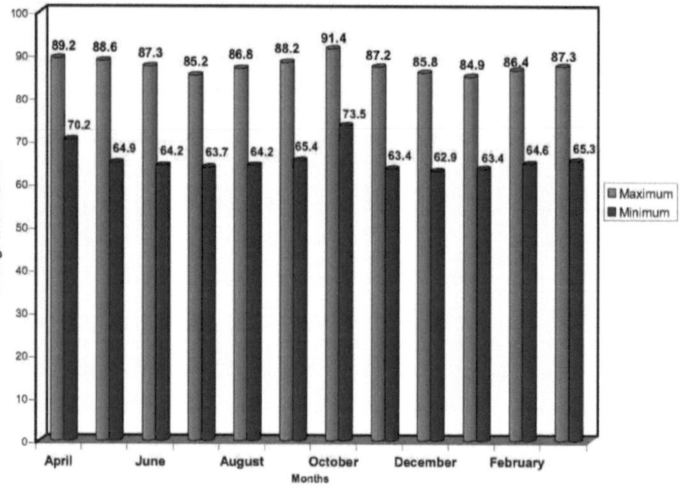

RAJIV SRUMUTHI VANAM Location – II

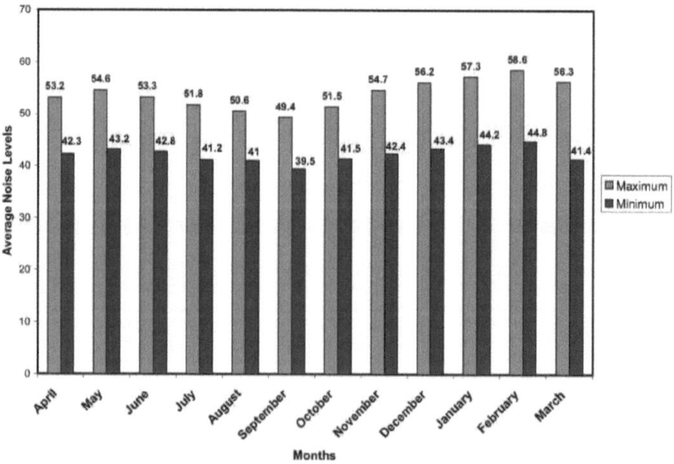

Fig. 5.4

Quadro 5.8

Níveis médios mensais de ruído (máximo e mínimo) monitorizados em dois locais na cidade de Kadapa, de abril de 2012 a 2013

Month	Location-1		Location-2	
	APSRTC Bus Stand in dB(a)		Rajiv Srumthi vanam in dB(a)	
	Max	Min	Max	Min
April	90.5	74.2	57.2	43.6
May	88.4	68.2	56.6	44.2
June	87.6	67.8	55.4	45.8
July	85.2	66.4	54.8	43.4
August	87.4	67.5	53.2	41.2
September	89.4	68.4	54.8	40.8
October	91.2	75.4	55.4	41.6
November	92.6	76.8	56.6	41.2
December	93.4	77.2	57.2	43.4
January	92.2	76.8	56.8	42.8
February	91.4	75.6	55.4	43.2
March	91.0	74.0	56.2	42.6

o sonora da área municipal de Kadapa durante o ano 20122013 em várias fases a serem identificadas. Em particular, os veículos pesados estão expostos ao Cobondixiede e a outras formas de gases. É assim que se polui a atmosfera e se degrada o ambiente para controlar este tipo de poluição nas zonas municipais de Kadapa. Os níveis médios mensais de poluição sonora nas zonas da paragem de autocarros A.P.S.T.R.C. e Rajiv Sruthivanam são melhores do que na zona da primeira localização. A média máxima da poluição sonora foi de 93,4 dB no mês de dezembro e a mínima de 66,4 dB no mês de julho. A média máxima de Rajiv Sruthivanam foi de 52,7 em dois meses, abril e dezembro, e a média mínima foi de 40,8 dB no mês de setembro. O gráfico seguinte mostra que as zonas da paragem de autocarros de A.P.S.T.R.C. e de Rajiv Sruthivanam têm uma poluição sonora muito elevada (Fig. 5.6).

Níveis médios mensais de ruído (máximo e mínimo) monitorizados em dois locais na cidade de Kadapa, de abril de 2012 a 2013

APSRTC BUS STAND Location -I

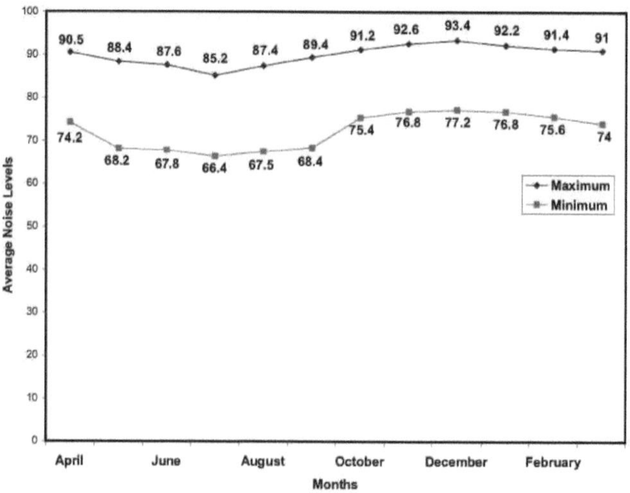

RAJIV SRUMUTHI VANAM Location – II

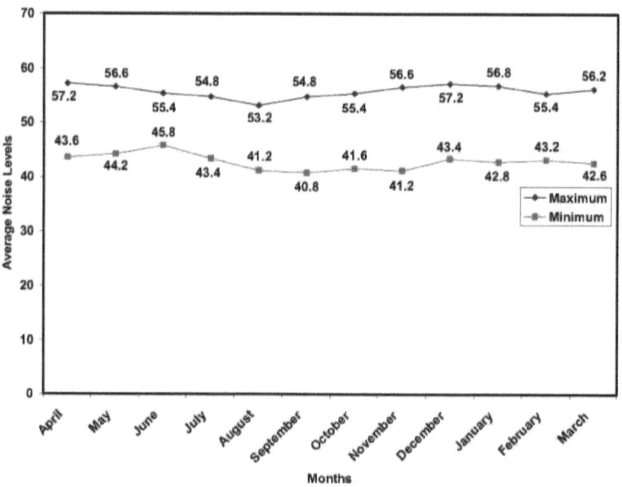

Fig. 5.5

CAPÍTULO 6

GESTÃO DOS RESÍDUOS SÓLIDOS URBANOS NA CIDADE DE KADAPA

Introdução

Os resíduos sólidos são as partes indesejadas e inúteis das actividades animais e humanas que são basicamente sólidas. Podem ser provenientes de actividades agrícolas, industriais e sociais. Os resíduos sólidos são uma consequência da vida e variam de uma sociedade para outra. Nos primeiros tempos, o homem consumia todos os recursos e só tinha problemas com a eliminação dos seus resíduos. A composição tradicional e a produção de fertilizantes eram soluções muito típicas para a maior parte dos resíduos orgânicos durante esse tempo, a eliminação dos resíduos sólidos pode ser rastreada desde o momento em que o homem começou a fazer comunidade, sociedade e vida urbana. A parte dos resíduos sólidos que está relacionada com o município é designada por resíduos sólidos urbanos. Este tipo de resíduos inclui embalagens, resíduos alimentares, garrafas, vidros, latas, papéis e resíduos agrícolas, que são resíduos indesejados e inúteis para todos os habitantes durante a sua vida. Devido à alteração dos padrões de consumo, o aumento da quantidade de resíduos sólidos, bem como a toxicidade dos mesmos, tem suscitado cada vez mais preocupações. A relação entre a recolha, o armazenamento e a eliminação de resíduos sólidos e a saúde humana é muito clara. Os problemas ecológicos relacionados com a função dos resíduos sólidos, como a poluição atmosférica e a contaminação dos solos, são muito importantes. A lixiviação dos maus aterros sanitários, que contamina as águas superficiais e subterrâneas, é um exemplo deste problema ecológico. Em muitas sociedades tecnológicas, após a revolução industrial, o problema dos resíduos sólidos surgiu devido à alteração do padrão de consumo da sociedade. Um exemplo claro de resíduos sólidos urbanos é a embalagem, que é normalmente utilizada para muitos bens da nossa vida. A utilização do plástico e do cartão como materiais de base para as embalagens faz com que a quantidade de resíduos sólidos urbanos aumente todos os dias.

Objectivos

O presente trabalho visa compreender os aspectos espaciais da gestão dos resíduos sólidos urbanos para conhecer o estado de disponibilidade e a sua utilização para um melhor desenvolvimento e para os preservar para as gerações futuras através da adoção de melhores práticas de gestão. Por conseguinte, a cidade de Kadapa é tomada como unidade de investigação para a realização de um planeamento a nível micro.

> Estudar a produção de resíduos sólidos urbanos

> Estudar os métodos de recolha de resíduos sólidos, o processo de transporte de resíduos sólidos e os métodos de eliminação.

Fonte de dados e metodologia

Os dados relativos à gestão dos resíduos sólidos urbanos são recolhidos sob a forma de empregos, produção de resíduos, centros de recolha, número de veículos utilizados no transporte para a eliminação de resíduos sólidos e métodos de eliminação utilizados pela empresa municipal da cidade de Kadapa.

Methodology

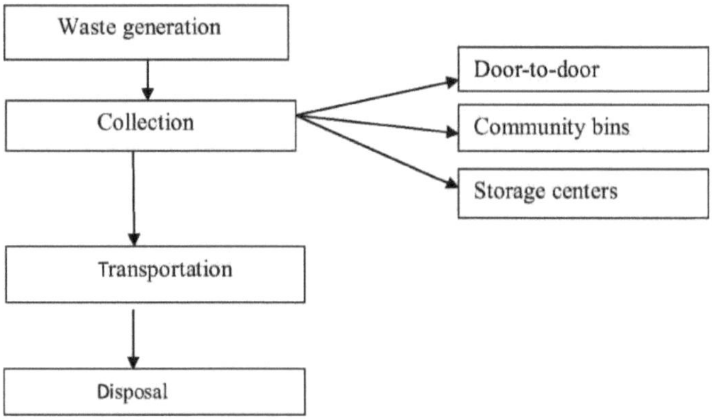

Política de gestão dos resíduos sólidos urbanos na Índia

O Ministério do Ambiente e das Florestas, Governo da Índia, notificou as regras e regulamentos com alterações relativas aos resíduos sólidos urbanos. 25th setembro de 2000

S.O.908(E) - Considerando que o projeto das Regras Municipais sobre Resíduos Sólidos (Gestão e Manuseamento), 1999, foi publicado ao abrigo da notificação do Governo da Índia no Ministério do Ambiente e das Florestas número S.O. 783(E)**, datada de 27 de setembro de 1999 na Gazeta da Índia, Parte II, Secção 3, Subsecção (ii**), convidando as pessoas a apresentarem objecções e sugestões. 783(E), datada de 27th de setembro de 1999, na Gazeta da Índia, Parte II, Secção 3, Subsecção (ii) da mesma data, convidando as pessoas susceptíveis de serem afectadas a apresentarem objecções e sugestões antes de expirar o prazo de sessenta dias a contar da data em que as cópias da Gazeta que contém a referida notificação são postas à disposição do público;

E considerando que foram disponibilizadas cópias do referido boletim ao público em 5th de outubro de 1999;

E considerando que as objecções e sugestões recebidas do público relativamente aos referidos projectos de regras foram devidamente consideradas pelo Governo Central;

Por conseguinte, no exercício dos poderes conferidos pelas secções 3, 6 e 25 da Lei do Ambiente (Proteção) de 1986 (29 de 1986), o Governo Central estabelece as seguintes regras para regulamentar a gestão e o tratamento dos resíduos sólidos urbanos, nomeadamente

1. Título abreviado e início de atividade

1. Estas regras podem ser designadas por Regras Municipais de Resíduos Sólidos (Gestão e Manuseamento), 2000.
2. Salvo disposição em contrário, as presentes regras entram em vigor na data da sua publicação no Jornal Oficial.
3. **Aplicação:** As presentes regras aplicam-se a todas as autoridades municipais responsáveis pela recolha, separação, armazenamento, transporte, tratamento e eliminação de resíduos sólidos urbanos.

4. **responsabilidade da autoridade municipal**

1. cada autoridade municipal é responsável, dentro da área territorial do município, pela aplicação das disposições do presente regulamento e por qualquer desenvolvimento de infra-estruturas de recolha, armazenamento, separação, transporte, processamento e eliminação de resíduos sólidos urbanos.

2. a autoridade municipal ou um operador de uma instalação deve apresentar um pedido no **Formulário I,** para a concessão de autorização para a criação de instalações de processamento e eliminação de resíduos, incluindo aterros sanitários, do Conselho de Estado ou do Comité, a fim de cumprir o programa de implementação estabelecido no **Anexo I**.

3. a autoridade municipal deve dar cumprimento a estas regras de acordo com o calendário de execução estabelecido no **Anexo I.**

4. a autoridade municipal deve apresentar o seu relatório anual no **formulário-II**, -

   a. Ao Secretário responsável pelo Departamento de Desenvolvimento Urbano do Estado em causa ou, se for caso disso, do território da União, no caso de uma cidade metropolitana ou

   thb. Ao Magistrado Distrital ou ao Comissário Adjunto em causa, no caso de todas as outras vilas e cidades, com cópia para o Conselho de Estado ou para o Comité, até ao dia 30 de junho de cada ano.

4. **responsabilidade do Governo do Estado**

   a. O Secretário responsável pelo Departamento de Desenvolvimento Urbano do Estado em causa ou do território da União, consoante o caso, terá a responsabilidade geral pela aplicação das disposições das presentes regras nas cidades metropolitanas.

   b. O magistrado distrital ou o comissário-adjunto do distrito em causa é o responsável geral pela aplicação das disposições das presentes regras nos limites territoriais da sua jurisdição.

5. **responsabilidade do conselho central de controlo da poluição e do conselho estadual ou dos comités:**

   a. O Conselho de Estado ou o Comité deve controlar o cumprimento das normas relativas às águas subterrâneas, ao ar ambiente, à qualidade dos lixiviados e à qualidade do composto, incluindo as normas de incineração, tal como especificado nos **Esquemas II, III** e **IV**.

   b. O Conselho de Estado ou o Comité, após a receção do pedido da autoridade municipal ou do operador de uma instalação no **Formulário I,** para a concessão de uma autorização para a criação de instalações de tratamento e eliminação de resíduos, incluindo aterros sanitários, examinará a proposta tendo em consideração os pontos de vista de outros organismos, como o Departamento de Desenvolvimento Urbano do Estado, o Departamento de Planeamento Urbano e Rural, a Autoridade do Porto Aéreo ou da Base Aérea, o Conselho das Águas Subterrâneas ou qualquer outro organismo, antes de emitir a autorização.

   c. O Conselho de Estado ou o Comité emitirá a autorização, no **formulário III**, à autoridade municipal ou ao operador de um estabelecimento no prazo de quarenta e cinco dias, estipulando os critérios e normas de conformidade especificados nos **Esquemas II, III** e **IV**, incluindo outras condições que possam ser necessárias.

   d. A autorização é válida por um determinado período e, após o termo da validade, é necessária uma nova autorização.

   e. O Conselho Central de Controlo da Poluição deve coordenar com os Conselhos de Estado e os Comités, em especial no que se refere à aplicação e revisão das normas e orientações e à compilação de dados de controlo.

6. **gestão dos resíduos sólidos urbanos**

   a. Todos os resíduos sólidos urbanos produzidos numa cidade ou numa localidade devem ser geridos e tratados de acordo com os critérios de conformidade e o procedimento previstos no **Anexo II.**

   b. As instalações de tratamento e de eliminação de resíduos a criar pela autoridade municipal, por si própria ou através de um operador de uma instalação, devem satisfazer as especificações e normas especificadas nos **esquemas III e IV**.

7. **relatórios anuais**

a. Os Conselhos de Estado e os Comités devem preparar e apresentar ao Conselho Central de Controlo da Poluição um relatório anual relativo à aplicação destas regras até 15 de[th] de setembro de cada ano no **formulário-IV**.

[th]b. O Conselho Central de Controlo da Poluição preparará o relatório anual consolidado de análise da gestão dos resíduos sólidos urbanos e enviá-lo-á ao Governo Central, juntamente com as suas recomendações, antes de 15 de dezembro de cada ano.

8. **comunicação de acidentes**

Se ocorrer um acidente em qualquer instalação municipal de recolha, separação, armazenamento, processamento, tratamento e eliminação de resíduos sólidos ou aterro sanitário ou durante o transporte desses resíduos, a autoridade municipal deve comunicar imediatamente o acidente, no **formulário V,** ao secretário responsável pelo Departamento de Desenvolvimento Urbano nas cidades metropolitanas e ao coletor distrital ou ao vice-comissário em todos os outros casos.

Calendário I

[Ver regras4 (2) e (3)] Calendário de aplicação

Serial No.	Compliance Criteria	Schedule
1.	Setting up of waste processing and disposal facilities	By 31.12.2003 or earlier
2.	Monitoring the performance of waste processing and disposal facilities	Once in six months
3.	Improvement of existing landfill sites as per provisions of these rules	By 31.12.2001 or earlier
4.	Identification of landfill sites for future use and making site (s) ready for operation	By 31.12.2002 or earlier

Calendário -II

[Ver regras 6(1) e (3), 7(1)]
Gestão de resíduos sólidos urbanos

S. No	Parameters	Compliance criteria
1.	**Collection of municipal solid wastes**	1. Littering of municipal solid waste shall be prohibited in cities, towns and in urban areas notified by the State Governments. To prohibit littering and facilitate compliance, the following steps shall be taken by the municipal authority, namely: - i. Organising house-to-house collection of municipal solid wastes through any of the methods, like community bin collection (central bin), house-to-house collection, collection on regular pre-informed timings and scheduling by using bell ringing of musical vehicle (without exceeding permissible noise levels); ii. Devising collection of waste from slums and squatter areas or localities including hotels, restaurants, office complexes and commercial areas; iii. Wastes from slaughter houses, meat and fish markets, fruits and vegetable markets, which are biodegradable in nature, shall be managed to make use of such wastes; iv. Bio-medical wastes and industrial wastes shall not be mixed with municipal solid wastes and such wastes shall follow the rules separately specified for the purpose; v. Collected waste from residential and other areas shall be transferred to community bin by hand-driven containerised carts or other small vehicles; vi. Horticultural and construction or demolition wastes or debris shall be separately collected and disposed off following proper norms. Similarly, wastes generated at dairies shall be regulated in accordance with the State laws; vii. Waste (garbage, dry leaves) shall not be burnt; viii. Stray animals shall not be allowed to move around

		waste storage facilities or at any other place in the city or town and shall be managed in accordance with the State laws. 2. The municipal authority shall notify waste collection schedule and the likely method to be adopted for public benefit in a city or town. 3. It shall be the responsibility of generator of wastes to avoid littering and ensure delivery of wastes in accordance with the collection and segregation system to be notified by the municipal authority as per para 1(2) of this Schedule.
2.	**Segregation of municipal solid wastes**	In order to encourage the citizens, municipal authority shall organise awareness programmes for segregation of wastes and shall promote recycling or reuse of segregated materials. The municipal authority shall undertake phased programme to ensure community participation in waste segregation. For this purpose, the municipal authorities shall arrange regular meetings at quarterly intervals with representatives of local resident welfare associations and non-governmental organizations.
3.	**Storage of municipal solid wastes**	Municipal authorities shall establish and maintain storage facilities in such a manner as they do not create unhygienic and in sanitary conditions around it. Following criteria shall be taken into account while establishing and maintaining storage facilities, namely: i. Storage facilities shall be created and established by taking into account quantities of waste generation in a given area and the population densities. A storage facility shall be so placed that it is accessible to users; ii. Storage facilities to be set up by municipal authorities or any other agency shall be so designed that wastes stored are not exposed to open atmosphere and shall be aesthetically acceptable and user-friendly; iii. Storage facilities or 'bins' shall have 'easy to operate' design for handling, transfer and transportation of

		waste. Bins for storage of bio-degradable wastes shall be painted green, those for storage of recyclable wastes shall be printed white and those for storage of other wastes shall be printed black; iv. Manual handling of waste shall be prohibited. If unavoidable due to constraints, manual handling shall be carried out under proper precaution with due care for safety of workers.
4.	**Transportation of municipal solid wastes**	Vehicles used for transportation of wastes shall be covered. Waste should not be visible to public, nor exposed to open environment preventing their scattering. The following criteria shall be met, namely:- i. The storage facilities set up by municipal authorities shall be daily attended for clearing of wastes. The bins or containers wherever placed shall be cleaned before they start overflowing; ii. Transportation vehicles shall be so designed that multiple handling of wastes, prior to final disposal, is avoided.
5.	**Processing of municipal solid wastes**	Municipal authorities shall adopt suitable technology or combination of such technologies to make use of wastes so as to minimize burden on landfill. Following criteria shall be adopted, namely:- (i) The biodegradable wastes shall be processed by composting, vermicomposting, anaerobic digestion or any other appropriate biological processing for stabilization of wastes. It shall be ensured that compost or any other end product shall comply with standards as specified in Schedule-IV; (ii) Mixed waste containing recoverable resources shall follow the route of recycling. Incineration with or without energy recovery including pelletisation can also be used for processing wastes in specific cases. Municipal authority or the operator of a facility wishing to use other

		state-of-the-art technologies shall approach the Central Pollution Control Board to get the standards laid down before applying for grant of authorisation.
6.	**Disposal of municipal solid wastes**	Land filling shall be restricted to non-biodegradable, inert waste and other waste that are not suitable either for recycling or for biological processing. Land filling shall also be carried out for residues of waste processing facilities as well as pre-processing rejects from waste processing facilities. Land filling of mixed waste shall be avoided unless the same is found unsuitable for waste processing. Under unavoidable circumstances or till installation of alternate facilities, land-filling shall be done following proper norms. Landfill sites shall meet the specifications as given in Schedule –III.

Calendário III

[Ver regras 6(1) e (3), 7(2)]

Especificações para os aterros sanitários

Seleção do local

1. Nas zonas sob a jurisdição das "Autoridades de Desenvolvimento", caberá a essas autoridades identificar os locais de aterro e entregá-los à autoridade municipal em causa para desenvolvimento, exploração e manutenção. Noutros locais, esta responsabilidade caberá à autoridade municipal em causa.

2. a seleção dos locais de aterro deve basear-se na análise das questões ambientais. O Departamento de Desenvolvimento Urbano do Estado ou do Território da União coordenar-se-á com as organizações interessadas para obter as aprovações e autorizações necessárias.

3. o aterro deve ser planeado e concebido com documentação adequada de um plano de construção faseado, bem como de um plano de encerramento.

4. Os aterros devem ser selecionados de modo a utilizar as instalações de tratamento de resíduos existentes nas proximidades. Caso contrário, a instalação de tratamento de resíduos deverá ser planeada como parte integrante do aterro.

5. os aterros existentes, que continuam a ser utilizados há mais de cinco anos, devem ser melhorados de acordo com as especificações constantes do presente programa.

6. os resíduos biomédicos devem ser eliminados de acordo com as regras de gestão e manuseamento de resíduos biomédicos de 1998 e os resíduos perigosos devem ser geridos de acordo com as regras de gestão e manuseamento de resíduos perigosos de 1989, com as alterações que lhes forem introduzidas.

7. o aterro deve ter uma dimensão suficiente para durar 20-25 anos.

8. o aterro deve estar afastado de aglomerados habitacionais, zonas florestais, massas de água, monumentos, parques nacionais, zonas húmidas e locais de importante interesse cultural, histórico ou religioso.

9. deve ser mantida uma zona tampão de não desenvolvimento em torno do aterro e deve ser incorporada nos planos de ordenamento do território do Departamento de Planeamento da Cidade.

10. O aterro deverá estar afastado do aeroporto ou da base aérea. Antes da instalação do aterro, deverá ser obtida a necessária autorização das autoridades aeroportuárias ou da base aérea nos casos em que o aterro se situe a menos de 20 km de um aeroporto ou de uma base aérea.

Instalações no local

11. o aterro deve ser vedado ou coberto por uma sebe e dispor de um portão adequado para controlar a entrada de veículos ou outros meios de transporte.

12. o aterro deverá estar bem protegido para impedir a entrada de pessoas não autorizadas e de animais vadios.

13. Deverão existir no aterro estradas de acesso e outras estradas internas para a livre circulação de veículos e outras máquinas.

14. o aterro deve dispor de uma instalação de inspeção de resíduos para controlar os resíduos trazidos para o aterro, de um escritório para a manutenção de registos e de um abrigo para guardar o equipamento e as máquinas, incluindo os equipamentos de controlo da poluição.

15. Devem ser previstas disposições como uma ponte de pesagem para medir a

quantidade de resíduos depositados no aterro, equipamentos de proteção contra incêndios e outras instalações que possam ser necessárias.

16. Devem ser fornecidos serviços de utilidade pública, tais como água potável (de preferência instalações balneares para os trabalhadores) e iluminação para facilitar as operações de aterro quando efectuadas durante a noite.

17. devem ser tomadas disposições de segurança, incluindo inspecções sanitárias dos trabalhadores no aterro, periodicamente.

Especificações para o enchimento de terrenos

18. Os resíduos sujeitos a enchimento do solo devem ser compactados em camadas finas utilizando compactadores de aterro para obter uma densidade elevada dos resíduos. Em zonas de elevada pluviosidade, onde não possam ser utilizados compactadores pesados, devem ser adoptadas medidas alternativas.

19. os resíduos devem ser cobertos imediatamente ou no final de cada dia de trabalho com um mínimo de 10 cm de solo, detritos inertes ou material de construção até que sejam criadas instalações de tratamento de resíduos para compostagem, reciclagem ou recuperação de energia, de acordo com o Anexo I.

20. Antes do início da estação das monções, deverá ser colocada no aterro uma cobertura intermédia de 40 a 65 cm de espessura de solo, com compactação e nivelamento adequados para evitar a infiltração durante as monções. Deverão ser construídas bermas de drenagem adequadas para desviar o escoamento da célula ativa do aterro.

21. Após a conclusão do aterro, deverá ser projectada uma cobertura final para minimizar a infiltração e a erosão. A cobertura final deverá cumprir as seguintes especificações, nomeadamente:

    a. A cobertura final deve ter uma camada de solo de barreira constituída por 60 cm de argila ou solo alterado com um coeficiente de permeabilidade inferior a 1×10^{-7} cm/seg.

    b. No topo da camada de solo de barreira deve ser colocada uma camada de drenagem de 15 cm.

    c. No topo da camada de drenagem deve existir uma camada vegetal de 45 cm para apoiar o crescimento natural das plantas e minimizar a erosão.

Plantação no aterro sanitário

22. Será instalado um coberto vegetal no local concluído, de acordo com as seguintes especificações, nomeadamente -

(a) Será permitida a seleção de plantas perenes não comestíveis adoptadas localmente que sejam resistentes à seca e a temperaturas extremas;

(b) As plantas cultivadas devem ser de modo a que as suas raízes não penetrem mais de 30 cm. Esta condição aplicar-se-á até que o aterro esteja estabilizado;

(c) As plantas selecionadas devem ter a capacidade de se desenvolver num solo pobre em nutrientes com uma adição mínima de nutrientes;

(d) A plantação deve ser efectuada em densidade suficiente para minimizar a erosão do solo.

Encerramento do aterro e cuidados posteriores

23. os cuidados pós-encerramento do aterro devem ser efectuados durante pelo menos quinze anos e o plano de monitorização ou de cuidados a longo prazo deve consistir no seguinte

(a) Manter a integridade e a eficácia da cobertura final, efetuar reparações e evitar que o escoamento superficial e o escoamento superficial provoquem a erosão ou danifiquem a cobertura final;

(b) Monitorização do sistema de recolha de lixiviados em conformidade com o requisito;

(c) Monitorização das águas subterrâneas de acordo com os requisitos e manutenção da qualidade das águas subterrâneas;

(d) Manutenção e exploração do sistema de recolha de gases de aterro de modo a cumprir as normas.

24. A utilização de aterros encerrados após quinze anos de monitorização pós-encerramento só pode ser considerada para efeitos de assentamento humano ou outros, depois de se garantir que a análise dos gases e dos lixiviados cumpre as normas especificadas.

[Ver regras 6(1) e (3), 7(2)]

Normas para Compostagem, Lixiviados Tratados e Incineração

1. as instalações de tratamento ou eliminação de resíduos devem incluir a compostagem, a incineração, a peletização, a recuperação de energia ou qualquer outra instalação baseada em tecnologia de ponta devidamente aprovada pelo Conselho Central de Controlo da Poluição

2. em caso de contratação de uma agência privada pela autoridade municipal, deve ser celebrado um acordo específico entre a autoridade municipal e a agência privada, nomeadamente no que respeita ao fornecimento de resíduos sólidos e a outros termos e condições relevantes.

3. a fim de evitar problemas de poluição provenientes da unidade de compostagem e de outras instalações de transformação, devem ser cumpridos os seguintes requisitos, nomeadamente

   a. Os resíduos recebidos no local devem ser mantidos antes do processamento posterior. Na medida do possível, a área de armazenamento de resíduos deve ser coberta. Se a armazenagem for efectuada numa área aberta, esta deve ser dotada de uma base impermeável com um sistema de recolha de lixiviados e de escoamento de águas superficiais para drenos revestidos que conduzam a uma instalação de tratamento e eliminação de lixiviados;

   b. Devem ser tomadas as precauções necessárias para minimizar os incómodos causados por odores, moscas, roedores, aves e o risco de incêndio;

   c. Em caso de avaria ou manutenção da instalação, a receção de resíduos deve ser interrompida e devem ser tomadas medidas para o desvio dos resíduos para o aterro;

   d. Os rejeitados pré-processados e pós-processados devem ser removidos da instalação de processamento regularmente e não devem ser autorizados a acumular-se no local. Os materiais recicláveis devem ser encaminhados através de fornecedores adequados. Os materiais não recicláveis devem ser enviados para aterros bem concebidos.

   e. No caso de uma unidade de compostagem, a área de leira deve ser equipada com uma base impermeável. Essa base deve ser feita de betão ou argila compactada, com 50 cm de espessura e um coeficiente de permeabilidade inferior a 10^{-7} cm/seg. A base deve ter um declive de 1 a 2 por cento e ser circundada por drenos revestidos para recolha de lixiviados ou escoamento superficial;

f. O controlo da qualidade do ar ambiente deve ser efectuado regularmente, em especial para verificar os incómodos causados pelos odores a favor do vento na fronteira da unidade de transformação.

g. A fim de garantir a aplicação segura do composto, devem ser respeitadas as seguintes especificações relativas à qualidade do composto, nomeadamente

Quadro 6.1

Parameters	Concentration not to exceed * (mg/kg dry basis , except pH value and C/N ratio)
Arsenic	10.00
Cadmium	5.00
Chromium	50.00
Copper	300.00
Lead	100.00
Mercury	0.15
Nickel	50.00
Zinc	1000.00
C/N ratio	20-40
PH	5.5-8.5

* O composto (produto final) que exceda os limites de concentração acima indicados não deve ser utilizado em culturas alimentares. No entanto, pode ser utilizado para outros fins que não a produção de culturas alimentares.

Produção de resíduos sólidos urbanos

Na nossa área de estudo, os resíduos sólidos estão disponíveis sob a forma de resíduos residenciais, industriais, de construção, de demolição, de serviços municipais e de agricultura.

Quadro 6.2

Fontes de resíduos sólidos urbanos na cidade de Kadapa

Source	Solid waste contents
Residential	Food wastes, paper, cardboard, plastics, textiles, leather, yard wastes, wood, glass, metals, ashes, special wastes (e.g., bulky items, consumer electronics, batteries, oil, tires), and household hazardous wastes.
Industrial	Housekeeping wastes, packaging, food wastes, construction and demolition materials, hazardous wastes, ashes, special wastes.
Institutional	Paper, cardboard, plastics, wood, food wastes, glass, metals, special wastes, hazardous wastes.
Construction and demolition	Wood, steel, concrete, dirt, etc.
Municipal services	Street sweepings; landscape and tree trimmings; general wastes from parks, beaches, and other recreational areas; sludge.
Agriculture	Spoiled food wastes, agricultural wastes, hazardous wastes (e.g., pesticides).

Recolha de resíduos sólidos urbanos

A recolha é a componente da gestão de resíduos que compreende o levantamento e a remoção/passagem de um material residual da fonte de produção para o ponto de tratamento ou para a eliminação final. A recolha dos resíduos sólidos produzidos é a parte crucial da gestão dos RSU. A eficácia da recolha e da separação dos resíduos sólidos determina a qualidade da gestão dos resíduos sólidos. A recolha inclui não só a recolha dos resíduos sólidos, mas também o transporte destes materiais, após a recolha, para o local onde o veículo de recolha é esvaziado. Este local pode ser uma instalação de processamento de materiais, uma estação de transferência ou um aterro sanitário.

Quadro 6.3

Pontos de recolha de resíduos na cidade de Kadapa

S.No	Collection Points	No of Collection Points (Before 2005)	No of Collection Points(After 2005)
1	Door-to-door	900	72,256
2	Collection centers	654	134
3	Community bins	467	100
4	Storage points	02	08

Fonte: Dados recolhidos junto da Corporação Municipal de Kadapa

Recolha de resíduos porta-a-porta

Esta fase inclui a recolha de resíduos porta a porta. A maior parte da recolha é feita por colectores de lixo que são empregados ou empresas sob contrato com o governo. Os colectores de lixo contratados pelos órgãos de administração local recolhem manualmente os resíduos produzidos a nível doméstico. Os trabalhadores do município recolhem os resíduos sólidos e transferem-nos com a ajuda de carrinhos, triciclos e trippers. Na nossa área de estudo, a recolha de resíduos sólidos urbanos porta a porta é feita em 900 pontos, os pontos de recolha são 654 pontos, os contentores comunitários são 467 e os pontos de armazenamento são apenas 2. Após 2005, o governo de Andhra Pradesh alterou o processo de recolha de resíduos sólidos urbanos. Aumentaram a recolha porta a porta de 900 para 72 256. Os centros de recolha foram reduzidos de 654 para 134. Do mesmo modo, estão a diminuir os contentores comunitários de 467 para 108 contentores comunitários de recolha e os pontos de armazenamento estão a aumentar de 2 para 8 pontos de armazenamento. Da mesma forma, no atual sistema municipal de resíduos sólidos, após 2005, a recolha porta a porta é de 72.256, e aqui a recolha porta a porta aumentou rapidamente em comparação com o período anterior a 2005. Os pontos de recolha são 134, os contentores comunitários são 100 e os pontos de armazenamento são apenas 08. Aqui observamos que as recolhas porta a porta aumentaram. Do mesmo modo, os restantes pontos de recolha diminuíram, devido à sensibilização da sociedade para a utilização de caixotes do lixo (Quadro 6.3).

Caixotes do lixo comuns

Os contentores de lixo comunitários são colocados perto de mercados, em complexos de apartamentos e noutros locais apropriados. Complexos comerciais, hotéis, locais públicos como jardins e locais religiosos são outras fontes pontuais. Na cidade de Kadapa, existem 100 contentores de lixo comunitários. Os veículos recolhem grandes quantidades de resíduos destas fontes pontuais e transportam-nos depois para estações de transferência e locais de eliminação.

Armazenamento de resíduos sólidos urbanos

As autoridades municipais estabelecerão e manterão as instalações de armazenamento de modo a não criar condições anti-higiénicas e insalubres à sua volta. Para a criação e manutenção das instalações de armazenamento, devem ser tidos em conta os seguintes critérios, nomeadamente

1. As instalações de armazenamento serão criadas e estabelecidas tendo em conta as quantidades de resíduos produzidos numa determinada zona e as densidades populacionais. As instalações de armazenamento devem ser colocadas de modo a serem acessíveis aos utilizadores.
2. as instalações de armazenamento a criar pelas autoridades municipais ou por qualquer outro organismo devem ser concebidas de forma a que os resíduos armazenados não fiquem expostos a uma atmosfera aberta e devem ser esteticamente aceitáveis e de fácil utilização.
3. As instalações de armazenamento ou "contentores" devem ter uma conceção "fácil de utilizar" para manuseamento, transferência e transporte de resíduos. Os contentores para armazenamento de resíduos biodegradáveis devem ser pintados de verde, os para armazenamento de resíduos recicláveis devem ser pintados de branco e os para armazenamento de outros resíduos devem ser pintados de preto.
4. a manipulação manual dos resíduos é proibida. Se for inevitável devido a condicionalismos, a manipulação manual deve ser efectuada com as devidas precauções e tendo em conta a segurança dos trabalhadores.

Na nossa área de estudo existem 8 pontos de armazenamento.

Transporte

A transferência refere-se ao movimento de resíduos ou materiais dos pontos de recolha para os locais de eliminação. O transporte de resíduos dos pontos de recolha para os locais de eliminação é efectuado através da utilização de diferentes tipos de veículos, em função das distâncias a percorrer. Os veículos de maiores dimensões transportam os resíduos dos pontos de recolha para os locais de eliminação. Veículos relativamente pequenos descarregam os resíduos em estações de transferência, onde os resíduos são carregados em veículos maiores para serem transportados para os locais de eliminação. Nas cidades metropolitanas, as estações de transferência estão situadas em diferentes locais para apoiar a transferência intermédia de resíduos das áreas circundantes para os locais de descarga. As estações de transferência são instalações centralizadas onde os resíduos são descarregados dos veículos de recolha mais pequenos e recarregados em veículos maiores (incluindo, em alguns casos, barcaças ou caminhos-de-ferro) para serem transportados para um local de eliminação ou de processamento.

Quadro 6.4

Transporte de resíduos na cidade de Kadapa

S.No	Vehicles	Before 2005	After 2010
1	Tractors	16	35
2	Tippers with crane system	15	30
3	Hand trolleys	150	300
4	Tricycles	50	150

Fonte: Dados recolhidos junto da Corporação Municipal de Kadapa

Antes de 2005, as autoridades do município de Kadapa utilizavam diferentes veículos, como 16 tractores, 15 veículos basculantes, 50 triciclos e 150 carrinhos de mão para transportar os resíduos sólidos dos pontos de recolha porta a porta, dos contentores comunitários e dos pontos de armazenamento para os locais de eliminação. Depois de 2005, as autoridades da Corporação Municipal estão a utilizar diferentes veículos, como 35 tractores, 30 camiões basculantes, 300 carrinhos de mão e 150 triciclos (Quadro 6.4). Aqui, os pontos de recolha de resíduos sólidos aumentaram e os veículos de recolha e os trabalhadores aumentaram rapidamente entre 2005 e 2010. A média de produção de resíduos sólidos urbanos por dia é de 206,21 toneladas métricas, por mês é de 6186,30 toneladas métricas e anualmente a média de produção de resíduos sólidos urbanos é de 74 235,60 toneladas métricas na atual área de estudo.

Quadro 6.5

Produção e eliminação de resíduos sólidos na cidade de Kadapa (em toneladas)

Year	Total
2001	48568
2002	58481
2003	60963
2004	63567
2005	65721
2006	69596
2007	71333
2008	7416
2009	78352
2010	79475
2011	83629

Fonte: Dados recolhidos junto da Corporação Municipal de Kadapa

O quadro acima e a figura seguinte mostram o aumento da quantidade média de resíduos recolhidos no período de 2001 a 2011. A Corporação Municipal de Kadapa recolhe anualmente a produção de resíduos em toneladas métricas. Em 2001, a produção total de resíduos sólidos foi de 48 568 toneladas métricas. De igual modo, em 2002, a produção total de resíduos sólidos foi de 58 481 toneladas métricas. Do mesmo modo, no ano de 2002, a produção total de resíduos sólidos foi de 58 481 toneladas métricas. Durante o ano de 2003, a produção total de resíduos sólidos foi de 60 963 toneladas. Do mesmo modo, a produção total de resíduos sólidos foi de 63 567 toneladas métricas em 2004, a produção total de resíduos sólidos foi de 65 721 toneladas métricas em 2005, a produção total de resíduos sólidos foi de 65 721 toneladas métricas em 2005, a produção total de resíduos sólidos foi de 65 721 toneladas métricas em 2005, a produção total de resíduos sólidos foi de 65 721 toneladas métricas em 2007, a produção total de resíduos sólidos foi de 71 333 toneladas métricas. Do mesmo modo, em 2008, a produção de resíduos sólidos urbanos de Kadapa aumentou 74 160 toneladas métricas, tendo-se registado 78 352 toneladas métricas no ano de 2009 (Fig. 6.1). A produção total de resíduos sólidos foi de 79 475 toneladas métricas no ano de 2010 e de 83 629 toneladas métricas no ano de 2011. A média total dos resíduos sólidos urbanos é de 190,364 por dia, 5 710,94 toneladas métricas por mês de resíduos sólidos urbanos totais e 68 531 toneladas métricas por ano a recolher pela empresa municipal de Kadapa.

Produção e eliminação de resíduos sólidos na cidade de Kadapa (em toneladas)

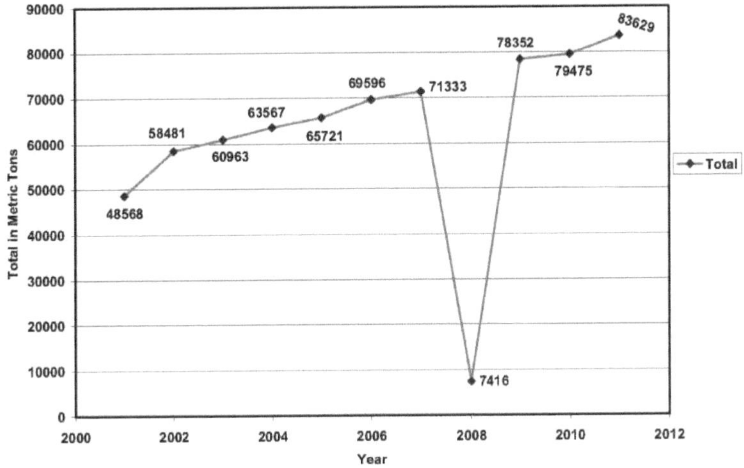

Fig.6.1

Eliminação

Existem três métodos principais de eliminação: aterro, incineração e compostagem

Aterro sanitário

O termo "aterro" é aqui utilizado para descrever uma unidade de operação para a eliminação final de "resíduos sólidos urbanos" em terra, concebida e construída com o objetivo de causar um impacto mínimo no ambiente. Este termo engloba outros termos como "aterro seguro" e "aterros concebidos" que são também por vezes aplicados a unidades de eliminação de resíduos sólidos urbanos (RSU). O termo "aterro sanitário" só pode ser tratado como sinónimo de "aterro sanitário" de resíduos sólidos urbanos se este último for concebido com base no princípio do confinamento dos resíduos e se se caraterizar pela presença de um revestimento e de um sistema de recolha de lixiviados para evitar a contaminação das águas subterrâneas. O termo "aterro sanitário" foi amplamente utilizado no passado para descrever unidades de eliminação de RSU construídas com base no princípio "despejar e cobrir", mas sem proteção contra a poluição das águas subterrâneas.

Deposição em aterro de resíduos sólidos urbanos

(a) O aterro será efectuado para os seguintes tipos de resíduos:

(i) Resíduos misturados (resíduos mistos) não considerados adequados para processamento de resíduos;

(ii) Rejeitados de pré-processamento e pós-processamento provenientes de locais de processamento de resíduos;

(iii) Resíduos não perigosos que não estão a ser processados ou reciclados.

(b) A deposição em aterro não será normalmente efectuada para os seguintes fluxos de resíduos nos resíduos sólidos urbanos

(i) Resíduos biológicos / resíduos de jardim

(ii) Recicláveis secos

(c) A deposição em aterro dos resíduos de construção e demolição será feita num aterro separado onde os resíduos possam ser armazenados e extraídos para utilização futura em projectos de terraplanagem ou rodoviários. Se esse aterro não estiver disponível, os resíduos serão armazenados numa célula especial de um aterro de RSU, de onde poderão ser extraídos para utilização futura.

(d) Todos os aterros existentes e antigos serão inspeccionados e serão feitas sondagens para i) recolha de amostras de lixiviados da base do aterro, ii) recolha de amostras do subsolo sob a base do aterro para avaliação da permeabilidade e das propriedades do solo e iii) recolha de amostras de resíduos para caraterização dos resíduos. Será efectuado um mínimo de 3 furos de sondagem, com pelo menos um furo por cada acre de área de aterro. A qualidade das amostras de lixiviados será comparada com a) a qualidade das águas subterrâneas nos furos existentes a 2 km do aterro e b) as normas do Central Pollution Control Board (CPCB) relativas aos limites de contaminantes nos lixiviados. Se a qualidade dos lixiviados e a permeabilidade dos estratos do subsolo forem consideradas satisfatórias, o aterro existente pode continuar a funcionar com um controlo semestral da qualidade dos lixiviados nos furos de sondagem. (f) Se a qualidade dos lixiviados for considerada de má qualidade relativamente à qualidade das águas subterrâneas locais ou às normas CPCB, serão tomadas medidas para encerrar o aterro existente e adoptadas medidas de correção. Todos os futuros aterros serão efectuados em novos aterros adequadamente concebidos e construídos.

O aterro é uma estrutura cuidadosamente concebida, construída no solo ou sobre o solo, na qual os resíduos são isolados do ambiente circundante. O objetivo é evitar qualquer ligação relacionada com a água entre os resíduos e o ambiente circundante, em especial as águas subterrâneas. Os aterros estão geralmente localizados em zonas urbanas onde é produzida uma grande quantidade de resíduos que têm de ser depositados num local comum. Com este método, evita-se a grave ameaça para a saúde da comunidade representada pela deposição a céu aberto ou pela queima. 54% dos resíduos sólidos da área de estudo são eliminados através do método de aterro sanitário.

Incineração

Destruição de resíduos num forno através da queima controlada a altas temperaturas. A incineração remove a água das lamas perigosas, reduz a sua massa e/ou volume e converte-as numa cinza não queimável que pode ser eliminada em segurança em terra, em algumas águas ou em fossas subterrâneas. No entanto, é um método altamente controverso porque uma incineração incompleta pode produzir gás monóxido de carbono, dioxinas gasosas e/ou outras substâncias nocivas.

O processo de queima de resíduos em grandes fornos é conhecido como incineração. A incineração é um método de eliminação que envolve a combustão de materiais residuais. A incineração e outros sistemas de tratamento de resíduos a alta temperatura são por vezes descritos como "tratamento térmico". A incineração é efectuada tanto em pequena escala por indivíduos como em grande escala pela indústria. É utilizada para eliminar resíduos sólidos, líquidos e gasosos. As instalações de incineração geralmente não requerem uma área tão grande como os aterros sanitários. No final do processo, tudo o que resta são cinzas. Este método produz calor que pode ser utilizado como energia. As incineradoras convertem os resíduos em calor, gás, vapor e cinzas. É reconhecido como um método prático de eliminação de certos materiais de resíduos perigosos (como resíduos médicos biológicos). resíduos médicos e líquidos de indústrias químicas são 14 por cento dos resíduos sólidos gerados na cidade de Kadapa, esta eliminação de resíduos sólidos utilizando o método de incineração.

Compostagem

São apresentadas duas definições de compostagem. A primeira é uma definição no sentido estrito do termo, que diferencia a compostagem de todas as outras formas de decomposição. A segunda é uma definição ecológica.

Uma definição que distingue a compostagem de outros processos biológicos é

"A compostagem é a decomposição biológica de resíduos sólidos biodegradáveis, em condições controladas predominantemente aeróbias, até atingir um estado suficientemente estável para ser armazenado e manuseado sem perturbações e satisfatoriamente amadurecido para uma utilização segura na agricultura".

Uma "definição ecológica" é a seguinte

"A compostagem é um processo de decomposição em que o substrato é progressivamente decomposto por uma sucessão de populações de organismos vivos. Os produtos da decomposição de uma população servem de substrato para a população seguinte. A sucessão é iniciada através da decomposição das moléculas complexas do substrato bruto em formas mais simples por micróbios indígenas do substrato".

A compostagem é o processo natural de "apodrecimento" ou decomposição da matéria orgânica por microorganismos em condições controladas. As matérias orgânicas brutas, tais como resíduos de culturas, resíduos animais, lixo alimentar, alguns resíduos urbanos e resíduos industriais adequados, melhoram a sua aptidão para aplicação no solo como recurso fertilizante, depois de terem sido submetidas a compostagem.

O composto é uma fonte rica de matéria orgânica. A matéria orgânica do solo desempenha um papel importante na manutenção da fertilidade do solo e, por conseguinte, na produção agrícola sustentável. Para além de ser uma fonte de nutrientes para as plantas, melhora as propriedades físico-químicas e biológicas do solo. Em resultado destas melhorias, o solo: (i) torna-se mais resistente a tensões como a seca, as doenças e a toxicidade; (ii) ajuda a cultura a melhorar a absorção dos nutrientes das plantas; e (iii) possui uma capacidade ativa de ciclagem de nutrientes devido a uma atividade microbiana vigorosa. Estas vantagens manifestam-se na redução dos riscos de cultivo, no aumento dos rendimentos e na redução das despesas dos agricultores com fertilizantes inorgânicos.

Nos países economicamente em desenvolvimento, as restrições relacionadas com a economia, a tecnologia e o pessoal qualificado reduziram a escolha de opções aceitáveis de gestão, tratamento e eliminação de resíduos sólidos. As opções viáveis incluem a minimização, a reciclagem, a compostagem, a incineração e o aterro sanitário. A compostagem é a opção que, com poucas excepções, melhor se adapta aos recursos limitados disponíveis nos países em desenvolvimento. Uma caraterística que torna a compostagem especialmente adequada é a sua adaptabilidade a uma ampla gama de situações, devido em parte à flexibilidade dos seus requisitos. Como resultado, existe um sistema de compostagem para quase todas as situações; ou seja, sistemas simples para as fases iniciais do desenvolvimento industrial até sistemas relativamente complexos e mecanizados para o desenvolvimento industrial avançado. A opção de compostagem oferece as muitas vantagens dos sistemas biológicos: custos de equipamento e de funcionamento mais baixos; em harmonia com o ambiente; e resulta num produto útil. Por outro lado, à compostagem são por vezes atribuídas desvantagens frequentemente associadas aos sistemas biológicos - nomeadamente, uma taxa de reação lenta e alguma imprevisibilidade. Em relação às desvantagens atribuídas, a taxa de reação lenta pode ser justificada, na medida em que os tempos de retenção são em termos de semanas e meses. No entanto, a atribuição de imprevisibilidade não é justificada. Se todas as condições forem conhecidas, aplicadas e mantidas, o curso de um determinado processo será previsível. Entre os principais pré-requisitos para o sucesso da compostagem estão a compreensão e a aplicação satisfatórias dos princípios básicos do processo. Sem esta compreensão, as inadequações do projeto e da operação são praticamente inevitáveis. A compreensão da biologia baseia-se no conhecimento dos princípios básicos do processo. Tal conhecimento permite uma avaliação racional das tecnologias individuais de compostagem e a utilização dessas tecnologias. Um benefício óbvio do conhecimento é a capacidade de selecionar o sistema mais adequado para um determinado empreendimento. Um benefício complementar é a capacidade de avaliar criticamente as alegações feitas em nome dos sistemas candidatos.

Tipos de compostagem

A compostagem pode ser dividida em duas categorias, de acordo com a natureza do processo de decomposição. Na compostagem anaeróbia, a decomposição ocorre quando o oxigénio (O) está ausente ou é escasso. Neste método, os microrganismos anaeróbicos dominam e desenvolvem compostos intermédios, incluindo metano, ácidos orgânicos, sulfureto de hidrogénio e outras substâncias. Na ausência de O, estes compostos acumulam-se e não são metabolizados. Muitos destes compostos têm odores fortes e alguns apresentam fitotoxicidade. Como a compostagem anaeróbia é um processo a baixa temperatura, deixa intactas as sementes de ervas daninhas e os agentes patogénicos. Além disso, o processo é normalmente mais demorado do que a compostagem aeróbia. Estas desvantagens compensam frequentemente os méritos deste processo, nomeadamente o pouco trabalho envolvido e menos nutrientes perdidos durante o processo.

A compostagem aeróbica tem lugar na presença de amplo (O). Neste processo, os microrganismos aeróbios decompõem a matéria orgânica e produzem dióxido de carbono (CO_2), amoníaco, água, calor e húmus, o produto final orgânico relativamente estável. Embora a compostagem aeróbia possa produzir compostos intermédios, como os ácidos orgânicos, os microrganismos aeróbios continuam a decompô-los. O composto resultante, com a sua forma relativamente instável de matéria orgânica, tem pouco risco de fitotoxicidade. O calor gerado acelera a decomposição de proteínas, gorduras e hidratos de carbono complexos, como a celulose e a hemicelulose. Por conseguinte, o tempo de processamento é mais curto. Além disso, este processo destrói muitos microrganismos que são patogénicos para o homem ou para as plantas, bem como sementes de ervas daninhas, desde que seja submetido a uma temperatura suficientemente elevada. Apesar de se perderem mais nutrientes dos materiais através da compostagem aeróbia, esta é considerada mais eficiente e útil do que a compostagem anaeróbia para a produção agrícola. A maior parte desta publicação centra-se na compostagem aeróbia.

Os objectivos da compostagem podem também ser alcançados através da degradação enzimática de materiais orgânicos à medida que estes passam pelo sistema digestivo das minhocas. Este processo é designado por vermicompostagem.

A compostagem é o processo de decomposição e estabilização da matéria orgânica em condições controladas. Os resíduos de natureza orgânica, como plantas, restos de comida e produtos de papel, podem ser reciclados através de processos biológicos de compostagem e digestão para decompor a matéria orgânica. Trata-se de um processo biológico em que os microrganismos, principalmente fungos e bactérias, convertem os resíduos orgânicos degradáveis numa substância semelhante ao húmus. O material orgânico resultante é composto para fins agrícolas ou paisagísticos. Além disso, o gás residual resultante do processo (como o metano) pode ser capturado e utilizado para gerar eletricidade. A intenção do processamento biológico na gestão de resíduos é controlar e acelerar o processo natural de decomposição da matéria orgânica. 32 percentagem dos resíduos sólidos urbanos da nossa área de estudo para processamento como biofertilizantes.

Organismos activos

As bactérias e os fungos mesófilos e termófilos são os organismos predominantes durante as fases inicial e ativa do processo de compostagem. As bactérias podem ser morfologicamente agrupadas em "bactérias propriamente ditas" e bactérias "filamentosas". Na realidade, as bactérias filamentosas são simplesmente bactérias "ramificadas", e são membros dos actinomicetos. Normalmente, os actinomicetos não aparecem em números consideráveis até o final do estágio ativo de alta temperatura do processo de compostagem. Coincidentemente com o seu aparecimento, verifica-se um rápido desaparecimento da celulose e da lenhina. Embora algumas bactérias fixadoras de azoto possam estar presentes, as condições não são propícias à fixação de azoto.

O início da fase de estabilização do processo é acompanhado pelo aparecimento de macroflora saprófita. As fontes de nutrientes para a macroflora são a microflora inativa e os resíduos em decomposição. As formas mais minúsculas (por exemplo, paramécio, ameba, rotíferos) são as primeiras a aparecer. Eventualmente, as formas maiores, como os caracóis e as minhocas, tornam-se numerosas. Entre as minhocas encontram-se Lumbricuse terestris, L.rubellus, e Eiseniafoetida. A massa de composto está bastante avançada na altura em que as minhocas aparecem. É claro que as minhocas podem ser deliberadamente introduzidas com sucesso numa altura anterior, talvez mesmo nas fases relativamente iniciais.

Os alegados benefícios potenciais da utilização de minhocas na compostagem levaram à promoção da vermicultura.

Vermicultura

Definição

"O cultivo de terras quentes, especialmente para as utilizar para converter resíduos orgânicos em fertilizantes"

As fezes constituem o "produto de compostagem" a que os proponentes da vermicultura se referem. Entre os numerosos benefícios alegados para a vermicultura estão os seguintes: 1) aumento da redução do tamanho das partículas, 2) enriquecimento do produto de compostagem pelas excreções azotadas das minhocas, 3) aumento da troca de carbono e nutrientes provocada pela interação reforçada entre a microflora e a macroflora, e 4) a superioridade das excreções das minhocas em relação ao produto de compostagem convencional.

Nem todas as espécies de minhocas são adequadas para a vermicultura (produção de proteínas e de excrementos). Entre as espécies que podem ser utilizadas em cativeiro estão as vulgarmente conhecidas como californianas vermelhas (Eisenia foetida). Inicialmente, este tipo de minhoca foi selecionado para aumentar a quantidade de substrato que seria ingerido e, assim, aumentar a quantidade de cascas que seriam produzidas. Infelizmente, os resultados destas tentativas não foram muito positivos e os esforços foram desviados para melhorar a fertilidade da espécie, bem como para tentar aumentar o seu tempo de vida.

Cada minhoca adulta da espécie californiana mede entre 6 e 8 cm de comprimento e cerca de 3 a 4 mm de diâmetro. O peso médio é de cerca de 1 g. Esta espécie pode viver até 6 anos.

O principal componente de uma minhoca é a água, que constitui entre 70% e 95% do seu peso. O restante (entre 5% e 30%) é constituído principalmente por proteínas. A composição de uma minhoca em base seca é a seguinte: proteínas entre 53% e 72%, gordura entre 1% e 17% e minerais entre 9% e 23%.

A vermicultura pode ser efectuada em pequena escala. O módulo básico de produção tem, normalmente, cerca de 60.000 minhocas, que podem ser colocadas numa área de cerca de 2 ml de comprimento por 1 m de largura, conhecida como cama. O substrato é colocado sobre as minhocas a uma profundidade de 15 a 25 cm. Dependendo das condições climáticas, a cama pode ser protegida por meio de um telhado simples. Como em qualquer processo biológico, as minhocas procuram condições favoráveis. Por conseguinte, as camas devem ser cuidadosamente geridas para fornecer às minhocas condições óptimas, especialmente nutrientes, humidade (70% a 80%) e temperatura (20° a 25°C). Além disso, existem determinados regimes de alimentação (adição de substrato) dos canteiros para obter um crescimento e uma degradação óptimos da matéria orgânica.

As estimativas indicam que um módulo básico de 60.000 minhocas pode produzir cerca de 800 kg de húmus em três meses.

Embora as minhocas produzidas no processo constituam uma fonte de proteínas de baixo nível, elas também contêm uma fração importante dos contaminantes de metais pesados no substrato. A razão é a tendência das minhocas para armazenar os contaminantes nos seus tecidos.

Embora a vermicultura mereça ser cuidadosamente considerada, tem sérias limitações e exige um controlo cuidadoso, particularmente em sistemas de grande escala (isto é, superiores a 10 Mg/dia). Além disso, há situações em que as condições necessárias para a sua cultura podem não ser exequíveis. O processo tem potencial em sistemas de pequena escala para o tratamento de substratos relativamente homogéneos.

Quadro 6.6

Produção e eliminação de resíduos sólidos na cidade de Kadapa (em toneladas métricas)

Year	Landfill	Incineration	Compositing	Total
2001	26712.4	3885.44	17970.16	48568
2002	29240.5	5263.29	23977.21	58481
2003	35358.54	4877.04	20727.42	60963
2004	36233.19	4449.69	22884.12	63567
2005	32860.5	4600.47	28260.03	65721
2006	41757.6	5567.68	22270.72	69596
2007	39233.15	4279.98	27819.87	71333
2008	35596.8	6674.4	31888.8	74160
2009	35258.4	6268.16	36825.44	78352
2010	33379.5	6358	39737.5	79475
2011	37633.05	5017.74	40978.21	83629

Fonte: Calculado a partir dos dados recolhidos.

Produção de resíduos sólidos

A cidade de Kadapa registou um crescimento maciço de resíduos sólidos urbanos. Estes são gerados principalmente por resíduos orgânicos domésticos, latas, latas, vidros, plásticos, escritórios comerciais, lojas, hotéis, restaurantes, salões de casamento, hospitais e lares de idosos, esgotos e materiais de construção. O quadro e a figura acima mostram o aumento da quantidade média de resíduos recolhidos no período de 2001 a 2011. Em 2001, a produção total de resíduos sólidos foi de 48 568 toneladas métricas, incluindo a deposição em aterro, 26 712,4 toneladas métricas, a incineração, 3 885,44 toneladas métricas e a compostagem, 17 970,16 toneladas métricas. Do mesmo modo, no ano de 2002, a produção total de resíduos sólidos foi de 58 481 toneladas métricas, incluindo a deposição em aterro, 29 240,5 toneladas métricas, a incineração, 5 263,29 toneladas métricas e a compostagem, 23 977,21 toneladas métricas. Durante o ano de 2003, a produção total de resíduos sólidos foi de

60 963 toneladas métricas, a deposição em aterro foi de 35 358,54 toneladas métricas, a incineração foi de 4 877,04 toneladas métricas e a compostagem foi de 20 727,42 toneladas métricas. Da mesma forma, a produção total de resíduos sólidos foi de 63 567 toneladas métricas no ano de 2004, a deposição em aterro foi de 36 223,19 toneladas métricas, a incineração foi de 449,69 toneladas métricas e a compostagem foi de 22 884,12 toneladas métricas, a produção total de resíduos sólidos foi de 65 721 toneladas métricas no ano de 2005, a deposição em aterro foi de 32 860,5 toneladas métricas, a incineração foi de 4 600,47 toneladas métricas e a compostagem foi de 28 260,03 toneladas métricas. Aqui, a produção de resíduos sólidos aumenta rapidamente por ano.

Como o município vai ser melhorado e fundir algumas panchayaties circundantes, é por isso que os resíduos sólidos vão aumentar. No ano de 2006, a produção total de resíduos sólidos foi de 69.596 toneladas métricas, a deposição em aterro foi de 41.757,6 toneladas métricas, a incineração foi de 5.567,68 toneladas métricas e a compostagem foi de 22.270,72 toneladas métricas. No ano de 2007, a produção total de resíduos sólidos foi de 71 333 toneladas métricas, a deposição em aterro foi de 39 233,15 toneladas métricas, a incineração foi de 4 279,98 toneladas métricas e a compostagem foi de 27 819,87 toneladas métricas. Do mesmo modo, em 2008, a produção de resíduos sólidos urbanos em Kadapa aumentou 74 160 toneladas, a deposição em aterro 35 596,8 toneladas, a incineração 6 674,4 toneladas e a compostagem 31 888,8 toneladas. No ano de 2009, registou-se um aumento de 78 352 toneladas, sendo que a deposição em aterro foi de 35 258,4 toneladas, a incineração de 6 268,16 toneladas e a compostagem de 36 825,44 toneladas.

A produção total de resíduos sólidos foi de 79 475 toneladas métricas no ano de 2010, a deposição em aterro foi de 33 379,5 toneladas métricas, a incineração foi de 6 358 toneladas métricas e a compostagem foi de 39 737,5 toneladas métricas e 83 629 toneladas métricas no ano de 2011, a deposição em aterro foi de 37 633,05 toneladas métricas, a incineração foi de 5 017,74 toneladas métricas e a compostagem foi de 40 978,21 toneladas métricas. Em geral, a produção de resíduos sólidos na Corporação Municipal de Kadapa foi recolhida e aumentou por fases, de 2001 a 2011. O gráfico seguinte mostra que a deposição em aterro, a incineração e a eliminação aumentaram em função do ano de produção total de resíduos sólidos na zona de estudo (Fig. n.º 6.2).

Produção de resíduos sólidos na empresa municipal de Kadapa (em toneladas)

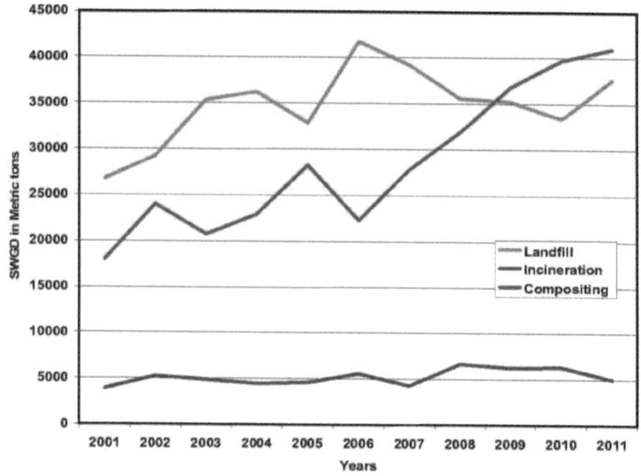

Fig. 6.2

Conclusão

Na nossa área de estudo, os resíduos sólidos urbanos produzidos por dia são 206,21 toneladas métricas. Processo de recolha de resíduos Porta a porta 72 256, pontos de recolha 134, contentores comunitários 100 e pontos de armazenamento 08. As autoridades municipais de Kadapa utilizam 18 tractores, 30 trippers, 150 triciclos e 300 carrinhos de mão para transportar os resíduos sólidos dos pontos de recolha, dos contentores comunitários de recolha porta a porta e dos pontos de armazenamento para os locais de eliminação. A eliminação dos resíduos sólidos através de três métodos é de 54% dos resíduos sujos através do aterro, 14% dos resíduos sujos através da incineração e a restante percentagem dos resíduos sujos através do método de compostagem. Sugerimos a produção de eletricidade e de biogás através da utilização de resíduos sólidos urbanos.

CAPÍTULO 7

RESUMO, RECOMENDAÇÕES E IMPLICAÇÕES

O estudo da Corporação Municipal, como a cidade de Kadapa, ou das cidades que cresceram nas últimas décadas, fornece informações úteis para a tomada de decisões regionais e nacionais sobre o uso do solo. Este tipo de geografia urbana pode ajudar a compreender várias condições relacionadas com a população de uma zona. O estudo das cidades ajuda-nos a conhecer os factores de atração e de repulsão que atraem os imigrantes. Também nos leva a analisar a interface entre o desenvolvimento humano e o ambiente. Este conhecimento pode ser utilizado para tratar de questões importantes para a nação, como a qualidade de vida, a ecologia do ambiente urbano, a geografia humana, a integridade ecológica, a qualidade ou quantidade da água, a disponibilidade de recursos seguros para a saúde humana, a qualidade do ar e do solo. Isto fornece uma base sólida para a investigação contínua que explora as consequências da modificação humana da paisagem terrestre. Assim, com este objetivo, o presente estudo selecionou propositadamente a cidade de Kadapa.

O nome Kadapa deriva da palavra Telugu "Gadapa" ("gate" ou limiar). A cidade tem este nome porque é a porta de entrada da passagem norte que conduz, através do vale de Vontimitta, à colina sagrada - "Pagoda" de Sri Venkateshwara (também soletrado como Senhor Venkateswara) de Tirupati. Com o seu grande tanque e o templo do Senhor Venkateswara em Devuni Kadapa, servia como um local de acampamento conveniente para os peregrinos que viajavam para o brilho sagrado de Tirupathi. Acreditava-se que os peregrinos tinham de visitar primeiro Devuni Kadapa e, antes de irem para Tirupathi, oferecer orações ao santo Annamacharya e ao santo Potluri Veera Brahmam.

A topologia de Kadapa é plana, com exceção de uma crista central que corre de NNE a SSW. Fisiograficamente, Kadapa é uma zona de planície. A sua elevação é de dois tipos: o primeiro, uma planície de baixa altitude (cerca de 400 pés (120 m) a 450 pés (137 m) acima do nível do mar) ocupada pela cidade, que constitui o norte, o leste e o sudeste da cidade, enquanto o outro, que compreende a parte sul e sudoeste, forma uma planície alta de 1500 a 2500 pés (760 m) acima do nível do mar. De um modo geral, Kadapa tem a forma de um paralelogramo irregular, dividido em duas partes quase iguais pela cordilheira dos Ghats Orientais, que a intersectam ao longo de todo o seu comprimento.

O clima deste distrito é extremo e, em média, apresenta uma variedade de clima de monção. O verão é intensamente quente e o inverno é muito frio. A temperatura mínima da cidade varia entre 25° c - 30° c de novembro a fevereiro e a temperatura mais quente entre 40° c - 43° c de abril a maio. A quantidade de precipitação anual em Kadapa varia geralmente entre 32 e 34 polegadas.

No presente estudo, o investigador seguiu uma metodologia sistemática no que respeita à seleção da cidade e à recolha de dados junto de vários serviços. Os dados primários foram recolhidos sobre a atividade comercial da Corporação Municipal de Kadapa, para traçar a génese da cidade de Kadapa e as razões específicas da sua origem. Para o efeito, foram adoptados os estudos da literatura mitológica e folclórica, das escrituras antigas, de algumas inscrições, de mapas e registos históricos. Tendo isto em conta, o presente estudo tenta compreender o processo de evolução do povoamento de Kadapa desde a sua origem até aos dias de hoje.

O objetivo geral do presente estudo é descrever, analisar e interpretar os dados relativos à origem e evolução da cidade de Kadapa em Andhra Pradesh. Por conseguinte, a cidade de Kadapa é tomada como unidade de investigação para a realização de um planeamento a nível micro.

A cidade de Kadapa, sede do distrito de Kadapa, situa-se no ângulo formado pelos dois ramos das colinas de Palakonds, um dos quais se dirige para norte e se funde com os Lankamalais, enquanto o outro passa para oeste, a alguns quilómetros a sul da cidade. Kadapa está situada a 14^{0} 28' norte, a 14^{0} 47' norte e 78^{0} 49' a 78^{0} .82' leste, com uma altitude média de 138 metros (452 pés). Sendo uma cidade importante de Rayalaseema, em Andhra Pradesh, está situada a 8 km a sul do rio Penna e rodeada em três lados pelas colinas de Nallamalla e Palakonda, situando-se na parte centro-sul de Andhra Pradesh.

thNos registos históricos do século XVIII, o nome do local foi escrito como Krupa ou Krupah. A palavra "Kripa" significa "misericórdia" em sânscrito. A aldeia original "Pata Cuddapah" é idêntica a Karige ou Karipe, que aparece no tratado geográfico de Ptolomeu de Alexandria, publicado no século IInd d.C.

A atual cidade de Kadapa foi fundada na última parte do século XVIth . Após a batalha de Talikota, em 1565 d.C., alguns muçulmanos, em busca de novas povoações, penetraram em muitas regiões. Entre eles, um oficial patane do exército de Gold Conda, de nome Neiknam Khan, estabeleceu-se nesta região e chamou-lhe Neikhambad.

Apesar de Neikhamabad se ter tornado popular, a antiga aldeia de Cudapah atraía um grande número de devotos hindus devido ao seu conhecido templo de Sri Venakteswara, que os governantes musalaman aceitaram gradualmente e Neikhambad tornou-se Cuddapah.

A cidade de Cuddapah fez parte do império chola entre os séculos 11th e 15th . No século 13th d.C., foram efectuados levantamentos topográficos e foi construído um canal fluvial em Krupa. A cidade de Kadapa fez parte do Império Renatichola entre os séculos 11th e 14th . Tornou-se parte do Império Vijayanagar na última parte do século XIVth . Gandhikota Nayaka, governadores de Vijayanagar, controlaram esta região durante dois séculos. Os muçulmanos conquistaram a então Krupa em 1565. Krupa transformou-se numa povoação urbana no século 16th d.C. No início do século, muitos reis hindus governaram as áreas de Krupa.

Após a queda de Vijayanaggur, os zamindars e poligars que detinham os fortes fronteiriços em regime militar, assumiram a sua independência. A atual subdivisão de Cuddapah parece ter ficado nas mãos do chefe Golkonda. A cidade de Kadapa foi entregue a um nababo de Patan.

Em 1713, o nababo de Cuddapah, Abdul Nabbee Khan, parece ter actuado independentemente do Nizam, pois nesse ano invadiu e subjugou Baramahl e, pelo caminho, reduziu o Poligar de Punganoor, obrigando-o a pagar um peiscush de 32.000 pagodes. thNo início do século XVIII, o nababo de Cuddapah, Abdul Nabbee Khan, consolidou sob o seu domínio os distritos de Sidhout, Gandikota, Cumbum, Gurramkonda e Punganoor.

Em 1757, o distrito de Cuddapah foi invadido pelos Mahrattas, sob o comando de Balvanta Rao. No entanto, a invasão dos maharattas em Cuddapah encorajou Hyder Ali. Em 1790, os mahrattas, os nizam e os ingleses juntaram-se pela primeira vez para controlar a arrogância de Tippo. O Nizam conseguiu assumir o controlo de Gurramkonda em 1791. No tratado de 1792 entre Tippoo e Nawab, pelo qual Tippoo cedeu Gurram Konda, juntamente com todas as suas possessões de Cuddapah, ao Nizam.

Com a ocupação britânica em 1800 d.C., tornou-se a sede de um dos quatro colectores subordinados ao Major Munro, o coletor principal. O número de lugares reservados às comunidades minoritárias no conselho dos municípios de Cuddapah e Proddatur era de 4 e 5, respetivamente. Cuddapah estava dividida em 16 bairros e

Proddatur em 15.

O município de Cuddapah foi elevado de grau III para grau II em 1953 e para grau I em 1958. A empresa de abastecimento elétrico de Cuddapah concluiu a eletrificação da cidade em 1937. Mais tarde, o governo assumiu o controlo em 1948. O hospital alopático foi provisoriamente criado em 1918. O município mantinha um registo de nascimentos e óbitos e algum pessoal sanitário e de vacinação. O município de Cuddapah também forneceu, a partir de 1890, abastecimento de água protegido a partir da ribeira de Bugga e, posteriormente, de Penneru. A cidade dispõe de mais de 273 torneiras públicas e 843 ligações domésticas.

A evolução morfológica de Kadapa divide-se em quatro fases. Heisun Isang, um viajante chinês, viajou em 7th século AD. Entre 1710 e 1738, Abdul Nabi governou Cuddapah e construiu um tanque de água em Patha Kadapa. Nesta fase, foram também construídas mais seis durgas. As sete estradas em que o fluxo de população era elevado constituíam as principais zonas comerciais. As alas foram criadas de acordo com a distribuição da população por profissões e grupos de castas.

A cidade de Kadapa é a sede do distrito e, por esse motivo, foram criados muitos serviços públicos na cidade. A mudança de autoridade na administração acrescentou um carácter adicional à cidade e teve um grande impacto no padrão físico da cidade. Muitas estradas ligavam a cidade às aldeias circundantes, ou seja, Chinnachowk, Chenumiapeta, Akkayapalli, Putlampalle, Somagaripalli, Narayanreddy Palli, Viswanadha Puram, etc. Devido à industrialização e à urbanização, as pessoas das aldeias circundantes migraram para a cidade de Kadapa em busca de oportunidades de emprego. As caraterísticas físicas da cidade tiveram o seu impacto no crescimento da cidade. No entanto, devido ao elevado crescimento da população da cidade de Kadapa, estes tanques restringiram, de facto, a extensão das zonas residenciais.

Durante esta fase, as autoridades tomaram decisões importantes relativamente ao desenvolvimento da cidade. O resultado foi um enorme aumento da população e o desenvolvimento físico da cidade foi alterado em grande medida. Quando as instalações disponíveis na cidade aumentaram, a população também aumentou. Este súbito afluxo de população resultou, de facto, no aumento da procura de habitação, o que acabou por conduzir ao boom imobiliário. Devido ao preço elevado e à falta de um controlo adequado, verificou-se uma invasão. Esta situação conduziu ao congestionamento, à sobrelotação e a problemas de trânsito. O município envidou então esforços para regular o crescimento das invasões em certas zonas, elaborando um plano de planeamento urbano (TP).

Como as instalações se situavam mais a sul da cidade, o crescimento da cidade também foi mais visível nesta zona e, obviamente, havia mais actividades comerciais e não comerciais, o que também levou ao estabelecimento de mais apartamentos e bairros residenciais. Para além das indústrias, há também desenvolvimento nas instituições de ensino. Foram criados muitos estabelecimentos de ensino. O governo de Andhra Pradesh conseguiu criar uma nova universidade reconhecida pela UGC, denominada Sri Yogi Vemana University, na cidade. O governo estatal criou também uma unidade de saúde com vários milhões de euros, denominada Rajiv Gandhi Institute of Medical Sciences (RIMS), em Kadapa, com um hospital de especialidade com 750 camas, uma faculdade de medicina com 150 alunos e uma faculdade de enfermagem para 100 alunos. A cidade é também rica em recursos minerais. A cobertura florestal estendeu-se até 5 050 km^2 . 32,87% da área do distrito está coberta por florestas.

Kadapa tem abundância de riquezas minerais. Por conseguinte, o governo também está a dar mais ênfase ao desenvolvimento desta região, incentivando e apoiando os investimentos efectuados por várias indústrias. Tudo isto resultará num crescimento vasto e rápido de Kadapa.

Com mais de 150 anos de existência como município, a cidade de Kadapa tem registado, desde o início, uma grande variação no crescimento da população. Sendo uma cidade com uma localização central e um dos municípios mais antigos, Kadapa tem recebido continuamente migrantes de todo o distrito. O primeiro recenseamento sistemático efectuado em 1881 mostra que a população era de 18 982 habitantes. No recenseamento seguinte, em 1891, registou-se um declínio da população, com uma variação decadial de 1.603 pessoas. A tendência para o declínio continuou no recenseamento de 1901, também com uma população de 16 432 pessoas, a mais baixa jamais registada na cidade de Kadapa. Entre 1891 e 1901, a população diminuiu de 17 379 para 16 432. A partir do recenseamento seguinte, ou seja, 1911, registou-se um aumento constante do crescimento da população. A população era de 17 807 habitantes em 1911, seguida de um ligeiro aumento para 19 517 em 1921 e 22 602 em 1931.

A população da cidade de Kadapa registou um aumento fenomenal a partir de

1951, com uma população de 37 438 habitantes e uma variação percentual de 32,54. A população da cidade de Kadapa aumentou duas vezes entre 1881 e 1951. Em 1961, a cidade de Kadapa registava uma população de 49 027 habitantes. Este facto pode dever-se à adição de 10 novas áreas à cidade de Kadapa. A tendência de aumento da população, juntamente com a variação decadal e a variação decadal percentual, manteve-se até 1981. Uma tendência semelhante manteve-se no recenseamento de 2001, com uma variação decenal percentual mais baixa (4,15%) e uma variação decenal (5 042), juntamente com a população. O número total de pessoas acrescentadas entre 1971-81 duplicou em comparação com a população de 1961-71. A população do distrito de Kadapa registou uma variação decadal de 13 916 pessoas entre 1911 e 1921. A partir de 1961, registou-se um aumento notável do crescimento da população, que atingiu o seu ponto mais alto em 1991. Apenas na última década se registou um declínio na variação decadal da população para 14,73%.

Durante a década de 1901-10, a cidade de Kadapa registou um total de 5.585 nascimentos e 5.466 mortes, com um aumento natural de 119. Durante a década de 1971-81, a migração desempenhou um papel predominante no aumento da população de Kadapa, juntamente com o aumento natural. O aumento dos nascimentos e dos óbitos continuou na década seguinte, de 1991 a 2000, registando um declínio do aumento natural.

O impacto dos imigrantes na população da cidade de Kadapa mostra que, na década de 1901-10, a percentagem de imigrantes era de apenas 8,65%.

No entanto, o crescimento da população devido à imigração foi de 91,35 por cento. Curiosamente, durante a década de 1971-80, registou-se um declínio no crescimento da população devido à imigração para 24,26%, mas na década seguinte, de 1981-90, aumentou para 43,95%.

O rácio entre os sexos no distrito de Cuddapah apresentou uma grande variação. Em 1901, o rácio entre os sexos era de 976 mulheres por cada mil homens no distrito de Cuddapah, tendo diminuído para 962 em 1931. Em 1931, a proporção de mulheres por cada mil homens no distrito de Cuddapah diminuiu para 962. Voltou a diminuir para 953 nos recenseamentos de 1941 e 1951. Mais uma vez, registou-se um ligeiro aumento para 957 em 1961, mantendo-se a mesma tendência até 1991. Em 2001, observou-se um declínio muito ligeiro do rácio entre os sexos. No entanto, o rácio entre os sexos voltou a aumentar para 984 mulheres por 1000 homens no recenseamento de 2011. Exceto em 1991, a média do rácio entre os sexos no distrito de Cuddapah é inferior à média do Estado.

No ano de 1961, o bairro 18 da cidade de Kadapa tinha a maior razão de sexo, 1013 mulheres por mil homens, seguido pelos bairros 18, 15, 10, 9, 8 e 6. A razão de sexo mais baixa foi observada no bairro 13 (811). No presente ano de 2011, a cidade de Kadapa. O rácio sexual mais elevado é de 1092 mulheres por 1000 homens, seguido do número 28 (1092), 40 (1004) e 44 (1002).

Em 1911, a taxa de natalidade da cidade de Kadapa foi registada em 31,26. Os mesmos valores mantiveram-se na década seguinte. Em 1931, registou-se um ligeiro declínio (29,45 nascimentos por 1.000 habitantes). No entanto, a taxa de natalidade foi de 28,21 em 1991, quando comparada com 26,62 em 1981, tendo diminuído ainda mais para 22,38 em 2001. Embora a taxa de natalidade esteja a diminuir, é bastante lenta. Esta situação é semelhante à das estatísticas nacionais.

A data relativa às taxas de mortalidade na cidade de Kadapa mostra que a taxa de mortalidade era de 30,69 em 1911, tendo aumentado ligeiramente para 32,98 em 1921. Curiosamente, a taxa de mortalidade diminuiu significativamente para 22,68 em 1931, seguida de 20,82 em 1941. Em 1971, a taxa de mortalidade era de apenas 19,64, tendo aumentado ligeiramente para 20,07 em 1981. Em 1991, a taxa de mortalidade diminuiu novamente para 18,63. Em 2001, voltou a aumentar para 22,35.

A distribuição da população por bairros e o aumento percentual em Kadapa entre 1961 e 2001 revela que, em 1961, a população era muito elevada no bairro 3 (3 921), seguido do bairro 20 (3 086), 1 (2 850) e 16 (2 722). A mesma tendência é observada no censo de 1971, com a população mais alta no distrito 3 (5.577), seguido pelo distrito 20 (4.894) e 1 (4740). Curiosamente, o bairro 1 (10.996) tinha mais pessoas em 1981 (10.996). Nas últimas duas décadas, a ala 1 manteve a posição 3rd .

Embora a população tenha aumentado em 2001, registaram-se algumas variações. A população é mais elevada na ala 3 (19 759), contra 1 no recenseamento de 1991, seguida das alas 1 (17,7 720) e 16 (10 071). A população da ala 16, que registou um aumento em 1991, também tinha um maior número de pessoas em 2001.

Contrariamente ao padrão geral de maior percentagem de população nas zonas periféricas e intermédias, as zonas 1, 2, 3 e 16 têm maior percentagem de população. A densidade da cidade de Kadapa era de 3 657 pessoas por 5 190 quilómetros quadrados em 1881. Em 1901, esta densidade baixou para 3 166 pessoas. No ano de 1911, registou-se um aumento da densidade populacional para 3 431 pessoas. Esta tendência de aumento manteve-se até 1951. Em 1971, a densidade populacional triplicou em relação a 1881. Durante 1981 e 1991, a densidade aumentou fenomenalmente para 19 077 e 19 344 pessoas por 6,84 km2. Curiosamente, a densidade diminuiu drasticamente para 18 494 pessoas no recenseamento de 2001.

A análise espacial da densidade populacional em Kadapa mostra que a área total da cidade de Kadapa é de 6,84 km2 em 2001. A média da população de Kadapa era de 62 pessoas em 1981, tendo aumentado para 73 pessoas em 1991 e para 76 pessoas em 2001. Devido às divisões municipais e à inclusão das aldeias circundantes, que se fundiram com a cidade, os bairros aumentaram de 21 em 2006 para 50. A densidade mais elevada foi observada nas alas 45 (400), 23 (220) e 29 (208). A densidade mais baixa foi observada nas alas 15 (4), 50 (4), pessoas por quilómetro quadrado e 5 pessoas por quilómetro quadrado nas alas 1, 2, 3 e 49. Cerca de 11 bairros tinham apenas um dígito de população. A densidade mais baixa regista-se nas alas 1, 2 e 3. As densidades por bairro da cidade de Kadapa em 2011 mostram que o bairro 45 tinha a densidade mais elevada (745), com cerca de 400 pessoas por quilómetro quadrado em 2006, tendo registado um aumento de quase 90 % num curto período de cinco anos, de 2006 a 2011. Estas zonas tornaram-se melhores zonas residenciais e registaram um aumento da população.

Os dados do recenseamento de 2001 da cidade de Kadapa revelam que a ala 1 tinha a população mais elevada (17 772), seguida da 3 (10759) e da 16 (10071). No entanto, o bairro

A ala 16, que tinha apenas 9206 habitantes em 1991, registou um aumento para 10071 habitantes. A população mais baixa encontra-se na ala 21 (1968), tal como no recenseamento anterior. A população total é de 126505, um aumento de 5042 membros em relação ao censo anterior. No que respeita à alfabetização, a ala 8 assumiu a liderança (985) em relação à 10 (1426) e manteve o número mais elevado de alfabetizados, seguida das alas 10 (1426) e 17 (155). A população total de Kadapa aumentou de 1.26.505 no censo de 2001 para 3.39.881. Os números relativos à alfabetização revelam que a taxa de alfabetização mais elevada é de 7781 na ala 1, seguida da ala 42. Os números relativos à literacia são também relativamente melhores nos bairros 38, 41 e 3. As taxas de alfabetização mais baixas encontram-se na ala 27, seguida da 26, 23 e 35.

O uso do solo é a utilização da superfície de todas as terras desenvolvidas e vagas num espaço específico, num determinado momento. Os terrenos são utilizados para culturas, florestas, pastagens, minas, transportes e jardins, terrenos residenciais, recreativos, industriais e comerciais.

Durante o ano de 1951, a área total da Corporação Municipal de Kadapa era de 437,70 hectares. A área residencial é vasta, em contradição com as outras áreas. Deste total, 17,62% (120,51 hectares) foram classificados como área residencial (Quadro 3). A área comercial era de 1,47% (10,04 hectares), não existindo qualquer área industrial ocupada nesse período. A área agrícola segue de perto a área residencial em termos de dimensão. A área agrícola foi ocupada em 35,95 por cento (245,9 hectares). As terras sob cursos de água ocupam 8,77% (60 hectares). A análise da utilização das terras em 1951 indica que na Corporação Municipal de Kadapa há mais terras agrícolas. Representa 35,95 por cento da área total.

Durante o ano de 1961, a área total da Corporação Municipal de Kadapa era de 684,04 hectares de terra. Deste total, cerca de 21,97% (150,29 hectares) estão classificados como área residencial. A percentagem de zonas comerciais era de 2,28%, o que corresponde a 15,61 hectares de terreno. A área industrial era de 20,72 hectares de terreno e representa 3,03%. Durante o ano de 1971, a área total da Corporação Municipal de Kadapa era de 684,04 hectares de terra. Destes, 201,35 hectares de terrenos pertencem à categoria residencial. Representa 29,44% do total de terrenos. A área industrial era de 21,72 hectares e representa 3,18% do total de terrenos. Durante o ano de 1981, a área total da Corporação Municipal de Kadapa era de 684,04 hectares de terreno. Destes, cerca de 250,29 hectares de terreno pertencem à categoria residencial. Representa 36,59 por cento do total de terrenos. A área da zona empresarial era de 17,61 hectares. Representa 2,57% do total de terrenos. A área da zona industrial era de 24,73 hectares e representa 3,62% da área total. A análise da utilização dos terrenos da Corporação Municipal de Kadapa em 1981 mostra que a área residencial é elevada, seguida da área agrícola. Estas duas categorias de terrenos representam 52,69% da área total.

Durante o ano de 1991, a área total da Corporação Municipal de Kadapa era de 684,04 hectares de terra. Destes, cerca de 277,29 hectares de terrenos pertencem à categoria residencial. Representa 40,54% do total de terrenos. Os terrenos da zona industrial tinham 27,72 hectares e representavam 4,05% da área total.

Em 2001, a área total da Corporação Municipal de Kadapa era de 684,04 hectares de terra. Deste total, cerca de 41,85% (286,29 hectares) estão classificados como área residencial. A percentagem de zonas comerciais era de 4,47% e corresponde a 30,61 hectares de terreno. Do estudo das categorias de utilização dos solos de 2001 conclui-se que a área residencial na Corporação Municipal de Kadapa era elevada mesmo em 1991 e representa 41,85% da área total.

Durante o ano de 2011, a área total da Corporação Municipal de Kadapa era de 16408,84 hectares do total de terrenos. Destes, cerca de 2060,86 hectares de terrenos pertencem à categoria residencial. Representa 12,56% do total de terrenos. A área da zona empresarial era de 56,67 hectares. Representa 0,35 por cento do total de terrenos.

O volume decadal do aumento relativo da área total da Corporação Municipal de Kadapa revela um aumento de 173,66% entre 1951 e 1961, 6,45% entre 1961 e 1971, 11,66% entre 1971 e 1981, 18,97% entre 1981 e 1991, 9,94% entre 1991 e 2001 e 20384,37% entre 2001 e 2011.

A área total de negócios da Corporação Municipal de Kadapa durante o ano de 2011 é de cerca de 56,67 hectares. Representa 0,35 por cento. De igual modo, os terrenos para fins comerciais estão confinados ao longo das principais estradas, com os números 15, 16, 17, 18, 20, 25, 26, 27, 28, 42, 43, 46 e 47.

A área industrial total na área da Corporação Municipal de Kadapa é de cerca de 205 hectares de terra. Representa 12,56% da área total. Os bairros que contêm zonas industriais são os bairros 3, 4, 14, 15, 27, 31, 42 e 43.

Em Kadapa, a superfície agrícola é de 10908,87 hectares, o que representa cerca de 66,48% da superfície total.

O estudo da utilização dos solos em 2011 revela que a área residencial e a área semi-pública estão acima das necessidades normais, com 50,35% e 0,31%, respetivamente. No entanto, os terrenos utilizados para fins comerciais e recreativos, bem como para transportes e comunicações, encontram-se abaixo das necessidades.

A poluição ambiental tornou-se um grande problema no mundo durante o século XXI devido à urbanização e à industrialização. Neste domínio, a poluição do ar domina os outros devido à facilidade de propagação dos contaminantes. Devido à urbanização e à industrialização, a qualidade do ar tem vindo a diminuir.

A principal população urbana do município de Kadapa é o desenvolvimento desequilibrado da empresa municipal, a poluição (poluição do ar, sonora, da água e das poeiras), o desenvolvimento de bairros degradados urbanos, a escassez de habitação, a zona central de negócios altamente congestionada da empresa municipal de Kadapa, a elevada intensidade da concentração residencial na antiga zona de paragem de autocarros, a ausência de zonas comerciais organizadas e de centros comerciais com estacionamento e instalações de armazenamento suficientes, a falta de serviços urbanos adequados, como o abastecimento de água, a drenagem, o tráfego e os transportes, o padrão de circulação estreito das estradas na antiga zona de paragem de autocarros, o desenvolvimento de bairros degradados, a invasão de tanques e a eliminação de resíduos sólidos.

A poluição atmosférica da Corporação Municipal de Kadapa tem sido muito elevada devido às descargas de gases de escape de veículos automóveis em Almaspeta, Mochampeta, Chilakal bhavi, Seven roads, Nagaraja peta, Madras road, R.T.C. Bustand road e railway station road. Nestas estradas, o fluxo médio de veículos de duas rodas, três rodas e quatro rodas é superior a 9.450. O monóxido de carbono, o vapor orgânico mortal, o composto sulfuroso e as substâncias tóxicas libertadas por estes veículos estão a criar poluição atmosférica.

A cidade de Kadapa registou um rápido crescimento em termos de atividade económica, com a criação de vários tipos de indústrias, entre as quais se destacam as indústrias de medicamentos a granel, as indústrias mineiras e as indústrias de cimento. Este facto incentivou a migração em grande escala para a cidade em busca de oportunidades. A população da aglomeração urbana de Kadapa abrange as três cidades de Kadapa, Chennur e Kamalapuram. As zonas industriais, inicialmente situadas na periferia, estão agora integradas na cidade com a invasão de colónias residenciais e a expansão para o exterior.

O pH e a concentração de iões carbonato e bi-carbonato são estudados em várias amostras do rio do lago Kadapa recolhidas em dezembro de 2010 e de janeiro a agosto de 2011. A afinidade do dióxido de carbono em relação à água do mar também é estudada em comparação com várias outras amostras, como água municipal, água da chuva e água destilada.

A poluição sonora não é apenas um problema dos países avançados, mas começou a levantar a sua cabeça feia também nos países em desenvolvimento e a Índia não é exceção. A maior parte das principais fontes de ruído enquadra-se nas seguintes categorias: tráfego rodoviário, aeronaves, caminhos-de-ferro, construções, indústrias, ruído nos edifícios e produtos de consumo.

Os níveis médios mensais de ruído em dois locais, no município de Kadapa, um deles é a zona da paragem de autocarros A.P.S.R.T.C. e o outro é Rajiv Srumthivanam, em decibéis, o máximo no mês de outubro é de 90,2 dB e o mínimo é de 62,5 dB, na zona da paragem de autocarros A.P.S.R.T.C. e na zona de Rajiv Srumthivanam no mês de janeiro é de 55,6 dB e o mínimo é de 40,0 dB no mês de setembro. Os decibéis são elevados na paragem de autocarros de A.P.S.R.T.C. quando comparados com Rajiv Srumthivanam, porque os veículos de tráfego pesado e os veículos de duas e quatro rodas buzinam.

A poluição sonora da área municipal de Kadapa durante o ano 20122013 mostra que as áreas de paragem de autocarros A.P.S.T.R.C., Rajiv Srumthivanam, dois locais com muita poluição sonora são notificados.

Os resíduos sólidos são as partes indesejadas e inúteis das actividades animais e humanas que são basicamente sólidas. Podem ser provenientes de actividades agrícolas, industriais e sociais. Os resíduos sólidos são uma consequência da vida e variam de uma sociedade para outra. Um exemplo claro de resíduos sólidos urbanos é a embalagem, que é normalmente utilizada para muitos bens da nossa vida.

Os dados relativos à gestão dos resíduos sólidos urbanos foram recolhidos sob a forma de empregos, produção de resíduos, centros de recolha, número de veículos utilizados no transporte para a eliminação dos resíduos sólidos e métodos de eliminação utilizados no município pela empresa municipal da cidade de Kadapa. É proibida a deposição de resíduos sólidos urbanos nas cidades, vilas e zonas urbanas notificadas pelos governos estaduais. Para proibir a deposição de lixo em contentores e facilitar o seu cumprimento, a autoridade municipal de Kadapa tomou as seguintes medidas, nomeadamente -

i. Organizar a recolha domiciliária de resíduos sólidos urbanos através de métodos como a recolha no contentor comunitário (contentor central), a recolha domiciliária, a recolha em horários regulares pré-informados e o agendamento através do toque de campainha de um veículo musical (sem exceder os níveis de ruído permitidos);

ii. Conceber a recolha de resíduos de bairros de lata e de bairros de lata ou de localidades, incluindo hotéis, restaurantes, complexos de escritórios e zonas comerciais;

iii. Os resíduos dos matadouros, dos mercados de carne e peixe e dos mercados de frutas e legumes, que são biodegradáveis por natureza, devem ser geridos de modo a serem utilizados;

iv. Os resíduos biomédicos e os resíduos industriais não devem ser misturados com os resíduos sólidos urbanos e devem seguir as regras especificadas separadamente para o efeito;

A fim de incentivar os cidadãos, a autoridade municipal organiza programas de sensibilização para a separação dos resíduos e promove a reciclagem ou a reutilização dos materiais separados. A autoridade municipal adopta um programa faseado para garantir a participação da comunidade na separação dos resíduos.

As autoridades municipais estabelecerão e manterão as instalações de armazenamento de modo a não criar condições anti-higiénicas e sanitárias à sua volta.

i. As instalações de armazenamento foram criadas e estabelecidas tendo em conta as quantidades de resíduos produzidos numa determinada área e as densidades populacionais. As instalações de armazenamento são colocadas em localidades acessíveis aos utilizadores;

ii. As instalações de armazenamento a criar pelas autoridades municipais ou outras agências são concebidas de modo a que os resíduos armazenados não fiquem expostos a uma atmosfera aberta e sejam esteticamente aceitáveis e fáceis de utilizar;

iii. As instalações de armazenamento ou "contentores" são concebidas de forma "fácil de utilizar" para o manuseamento, transferência e transporte de resíduos.

Os veículos utilizados para o transporte de resíduos foram cobertos. Os resíduos não são visíveis ao público, nem expostos ao ar livre, evitando a sua dispersão.

As autoridades municipais devem adotar a tecnologia adequada ou a combinação de tais tecnologias para utilizar os resíduos de modo a minimizar a carga sobre os aterros. Devem ser adoptados os seguintes critérios, nomeadamente:-

Os resíduos biodegradáveis são processados por compostagem,

vermicompostagem, digestão anaeróbia ou qualquer outro processamento biológico adequado para a estabilização dos resíduos.

O aterro é limitado a resíduos não biodegradáveis, inertes e outros resíduos que não são adequados para reciclagem ou para processamento biológico. O aterro também é efectuado para resíduos de instalações de processamento de resíduos, bem como para rejeitados de pré-processamento de instalações de processamento de resíduos.

Recolha de resíduos sólidos urbanos

A recolha dos resíduos sólidos produzidos é a parte crucial da gestão dos RSU. A eficiência na recolha e separação dos resíduos sólidos determina a qualidade da gestão dos resíduos sólidos.

Na nossa área de estudo, a recolha de resíduos sólidos urbanos porta a porta é de 900, os pontos de recolha são 654, os contentores comunitários são 467 e os pontos de armazenamento são apenas 2. Na atual área de resíduos sólidos urbanos, após 2005, a recolha porta a porta é de 72 256, tendo a recolha porta a porta aumentado rapidamente em comparação com 2005. Os pontos de recolha são 134, os contentores comunitários são 100 e os pontos de armazenamento são apenas 08.

Na cidade de Kadapa existem 100 contentores de lixo colectivos. Os veículos recolhem grandes quantidades de resíduos destas fontes pontuais e transportam-nos depois para estações de transferência e locais de eliminação. Na nossa área de estudo, existem 8 pontos de armazenamento.

Antes de 2005, as autoridades do município de Kadapa utilizavam diferentes veículos, como 16 tractores, 15 veículos de tração, 50 triciclos e 150 carrinhos de mão para transportar os resíduos sólidos dos pontos de recolha porta a porta, dos contentores comunitários e dos pontos de armazenamento para os locais de eliminação. Depois de 2005, as autoridades da Corporação Municipal estão a utilizar diferentes veículos, como 35 tractores, 30 camiões basculantes, 300 carrinhos de mão e 150 triciclos. Aqui, os pontos de recolha de resíduos sólidos aumentaram e os veículos de recolha e os trabalhadores aumentaram rapidamente entre 2005 e 2010. Na nossa área de estudo, a média de produção de resíduos sólidos urbanos recolhidos por dia é de 206,21 toneladas métricas, por mês 6186,30 toneladas métricas e anualmente a média de produção de resíduos sólidos urbanos é de 74 235,60 toneladas métricas.

A produção total de resíduos sólidos foi de 79 475 toneladas métricas no ano de 2010 e de 83 629 toneladas métricas no ano de 2011. A média total dos resíduos sólidos urbanos é de 190,364 por dia, 5 710,94 toneladas métricas por mês de resíduos sólidos urbanos totais e 68 531 toneladas métricas por ano a recolher pela empresa municipal de Kadapa.

Em2011 ou 2013, a nossa área de estudo Resíduos sólidos urbanos gerados por dia 206,21 toneladas métricas. O processo de recolha de resíduos Porta a porta 72.256, pontos de recolha 134, contentores comunitários 100 e pontos de armazenamento 08. As autoridades municipais de Kadapa utilizam 18 tractores, 30 trippers, 150 triciclos e 300 carrinhos de mão para transportar os resíduos sólidos dos pontos de recolha porta a porta, dos contentores comunitários e dos pontos de armazenamento para os locais de eliminação. Na eliminação de resíduos sólidos, são utilizados três métodos: 54% dos resíduos sujos são recolhidos através de aterro, 14% dos resíduos sujos através de incineração e os restantes percentuais de resíduos sujos através do método de composição. Sugerimos a produção de eletricidade e de biogás através da utilização de resíduos sólidos urbanos.

Problemas e questões

Infra-estruturas físicas

- Muito menos % de acesso a ligações de esgotos na área da corporação.
- Os esgotos e os resíduos sólidos produzidos não são tratados.
- Transporte
- Sem transportes públicos
- Maior dependência do transporte privado. Abastecimento de água
- Fugas, desigualdades na distribuição da água. Localização atual dos mercados municipais e dos complexos comerciais.
- Falta de sensibilização para as condições de saúde e de higiene.
- Controlo inadequado das invasões

- Ausência de gestão do tráfego.

O número máximo de habitantes da Corporação Municipal de Kadapa está geralmente satisfeito com as instalações, como o tipo de habitação e o abastecimento de água. Para além disso, o saneamento tem uma classificação muito baixa em Kadapa e também é pouco satisfatório em todos os serviços, pelo que é necessário melhorar e manter os serviços de uma forma mais adequada.

Problemas de trânsito e estrangulamentos

- Os problemas de tráfego da cidade podem ser atribuídos às seguintes razões
- Largura inadequada da estrada e caraterísticas geométricas deficientes
- Invasão da faixa de rodagem.
- Aumento do número de veículos personalizados.
- Concentração de actividades na área principal
- Falta de instalações para peões e de transbordo de peões para a estrada, estacionamento na rua.
- Inadequação das medidas regulamentares.
- Ausência de zonas de venda ambulante demarcadas.

Estradas, esgotos, tráfego e inundações

Com exceção das estradas principais, as estradas da cidade são estreitas e a largura das estradas importantes varia entre 30"-60". A presença de um grande número de veículos nas estradas movimentadas aumenta o congestionamento do tráfego, causando poluição por poeiras.

Recomendações e sugestões

O presente estudo sublinhou a necessidade de uma abordagem holística para resolver o problema dos recursos e para uma utilização benéfica. Insiste basicamente na compreensão dos limites físicos dos recursos, das condições socioeconómicas e das estratégias de gestão existentes antes de passar à resolução do problema propriamente dito. Assim, nesta perspetiva alargada, são feitas as seguintes recomendações para investigação e aplicações futuras.

> Os estudos de investigação deveriam incluir uma investigação especial e aprofundada dos aspectos relacionados com a origem e a evolução, bem como dos aspectos a ela associados.

> Os geógrafos devem interessar-se por métodos de estudo do uso do solo que sejam indiferentes. As soluções, portanto, de natureza indigenista são relativamente aceitáveis e envolvem a participação ativa das pessoas.

> No município de Kadapa, o desenvolvimento da zona industrial foi muito lento.

> A rede agro-meteorológica mais científica deve ser estabelecida na área de estudo. A rede deve fornecer o uso do solo, como residencial, comercial e agrícola da área de estudo. Os parâmetros sociais devem ser monitorizados periodicamente.

> Para obter benefícios a longo prazo, é necessária uma nova organização do uso do solo nas zonas onde este é utilizado há centenas de anos. Para tal, é necessária uma política global de ordenamento do território, de utilização dos solos e de agricultura.

> O município deve melhorar as políticas e a regulamentação para desenvolver os bairros degradados da cidade de Kadapa.

> A Corporação Municipal deve tomar imediatamente medidas para uma arborização maciça ao longo da parte do tanque, de modo a controlar o crescimento dos bairros de lata e a desenvolver uma cintura verde.

BIBLIOGRAFIA

AUTOR **ANOTÍTULO**

Anderson, J.R, 1976 A Land use and Land cover classification system for Hardy, E.E., use with Remote sensor Data us Geographical survey Roacm, J.T., eProfessional Paper. 964. Witmar,R.E.

Anstead, R.D. 1928Sewage and City Geography. The Indian Geographical Revista, Vol. II.

Bhatia, J.C. 1983Densidade da população e patologia social na Índia. Estudos geográficos indianos, boletim n.º 20.

Battacharaya, 1999 Urban Morphological Gowhati". Cidades". O Jornal de N.N. North East India,s Urban Future, (Bombaim: Oxford University Press,

Brush J.E., 1962 " The Morphology of Indian Cities", In: Roy Turner (Ed.), India's Urban Future, (Bombaim: Oxford University Press,

Carter, Harold 1983 An Introduction to Urban historical Geography, Edward Arnold, Londres.

Clarke, Johana I. 1989 Population and Disaster, Basil Blackwell, Londres et.al

Censo da Índia 2001 Distribuição da população rural e urbana, Censo da Índia

Censo da Índia 2011 Censo da Índia 2011 Totais provisórios da população Aglomerações urbanas e cidades

Dandin, S.P. 2005 Urbanização e desenvolvimento regional em Maidan região de Karnataka. Tese de doutoramento não publicada apresentada à Universidade de Karnataka, Dharwad.

Dickinson, R.E. (1966) A Geographical Integration -1966

Dube, K.K1969 Ubran Land uses: A Critical Review, Indian Revista Geográfica, Vol. 46, Pp 26-34.

Dutta, A.K. 1965 Physical Basis of City Jamshedpur - An Urban study. The Deccan Geographer, Vol. II, No. 1.

Manual do distrito 2007 Manual do distrito, Diretor do Planeamento, Livro de Kadapa

Manual do Distrito 2011 Manual do Distrito, Diretor do Planeamento, Kakapa. Livro

Farr, D., 2008 Sustainable Urbanism: Desenho Urbano com a Natureza, John Wiley & Sons, Nova Jersey.

Boletins informativos1967 Boletins informativos do distrito de Andhra Pradesh, Cuddapah, The Governo. Publicação, Gabinete, Andhra Pradesh, Hyderabad

Grigg,D. 1969 "The Agricultural Regions of the world: Review and Reflexões". Economic Geography, U.S.A., Vol. 45, No. 2, pp. 45-49.

Haggett P1972 Geography: Uma Síntese Moderna, Série em Geografia,

Harper and Row. Nova Iorque pp 239-249 & 273.

Irshad, H.M. 1980 Urban Expansion or Encroachment, Geographical Review of India, Vol. XXXXII, No.2

Jana, M.M. &1976 Land Utilization of Part of Barasat town. Geográfico Chattrijee Review of India, Vol. . XXXXIII, No.4

Karnavar, M.F. 1988 Ubran Environment: A Conceptual frame work. Documento apresentado no Seminário Nacional sobre Desenvolvimento Urbano na Índia: Perspectivas Ambientais.

Kayastha, S.L.&1979 Problema e prática da eliminação de resíduos sólidos na Índia -
Um estudo de caso da cidade de Kanpur. The national Geographical Journal of India, Vol. XXV, Part. 1.

Knox, Paul L. e 2009 Small Town Sustainability: Economic, Social, and Mayer Heike Environmental Innovation, Birkhauser Verlag, Basel
, , 2009.

Kosambi, D.D 1970 The Cultural and Civilization of Ancient India in Historical Outline, Vikas Publishing House, Private Limited, New Delthi.

Krishnaiah, K 1995Urbanização dos distritos afectados pela seca da Rayalaseema Region unpublished Ph. D. Thesis submitted to Sri Krishnadevaraya University, Anantapur.

Krishnaswamy, 1935A Fisiografia do Distrito de Anantapur. O indiano V.D . Revista de Geografia, Vol. IX, n.º 4.

Kulkarni, K.M. 1984 Levels of Crowding and Social Well-being in IntraUrban Environments (Níveis de aglomeração e bem-estar social em ambientes intra-urbanos). Associação Nacional de Geógrafos da Índia, Nova Deli, Publicações Anuais, Vol. IV, N.º 2.

Mulimani, A.A. 2002 "Hierarchian Organization of market centre's in Raichur District". The Deccan Geographer, Vol. 40, No.2.

Nanavati. M.B. 1957 " Readings in Land Utilizaton". A Sociedade Indiana de Agriculture Economics, Bombaim, p.2.

Neelam Grover 1985 Rural Settlements: A Cultural Geographical Analysis, A Case Study of Northern Haryana, Inter- India publications, New Delthi. Pp 6-35.

NRSA1978 Inquérito de deteção remota por satélite. Recursos Nacionais de Andhra Pradesh.

Okorigwe e 1988 "The Perception of the City Core of Greater Bombay". SitaPapel apresentado, Seminário Nacional sobre Urbanismo Desenvolvimento na Índia: Environmental perspectives.

Prasad, A1965 A paisagem física de Chotanagpur: Um estudo em Fisiografia regional. Panorama Geográfico, Vol. IV.

Pant, R. 1993 Tendências de urbanização nos Himalaias centrais com o Special Reference to Kumaum, Geographical Review of

India. Vol. 55, pp. 83-91.

Raghavan, K.S. 1935 Population of Anantapur district (População do distrito de Anantapur). The Indian Geographical Journal, Vol. IX, No.4.

Rao2001 "Patna: A Study of urban morphology". Índia Estudos geográficos, Bullentin n.º 20.

Ramakrishana, 1935 Ambiente e atividade económica I Madras K.C. Presidência. The Indian Geographical Journal, Vol. IV, N.º 4.

Ramohan Rao, R. 1988 An exploratory Fatorial Study of Demographic Attributes of Urbanizations in Telangana. Documento apresentado no Seminário Nacional sobre Desenvolvimento Urbano na Índia: Perspetiva Ambiental.

Rapoport, A. 1969 House from and Culture, Prentice Hall, INC, Englewood Cliffs, NJ, Londres, PP-47.

Raza, S.H. 1962 Variação da qualidade do ar e da temperatura em zonas urbanas

Ambiente de Hyderabad (Índia). Comunicação apresentada na conferência sobre Teoria Urbana, Indian Journal of Regional Sciences, Vol. XXXXIV, No. 1pp.72-80.

Sambasiva1988 Paisagem urbana em mutação e emergências sociais e Rao,M. Environmental Problems of Madhurai City (Problemas ambientais da cidade de Madhurai): Tamil Nadu. Comunicação apresentada no Seminário Nacional sobre Desenvolvimento Urbano na Índia: Perspetiva Ambiental.

Rapoport, A. 1969 House from and Culture, Prentice Hall, INC, Englewood Cliffs, NJ, Londres, pp-47.

Raza, S.H. 1992 Variação da qualidade do ar e da temperatura em zonas urbanas

Ambiente de Hyderabad (Índia). Comunicação apresentada na conferência sobre Ambiente Térmico Urbano, Especial em Tohwa.

Roy, B. 2000 Rumo a uma distribuição desejada da população urbana Realidade versus teoria. Indian Journal of Regional Sciences, Vol. XXXIV, No.1pp. 72-80.

Sambasiva Rao, 1988 A paisagem urbana em mutação e as novas condições sociais e M. Problemas ambientais da cidade de Madhurai: Tamil Nadu. Documento apresentado na conferência sobre Desenvolvimento Urbano na Índia: Perspectivas Ambientais.

Setty, K.M. 2002 Um estudo ambiental da gestão de resíduos sólidos em JadhavCidade de Bhubaneswar . O geógrafo de Deccan, Vol. 40,No. 2
Sunitha M. e
Sontakk, Y.B.

Shanmuganandan, 1992 Urbanização e ambiente nas principais cidades de
S.an dTamilnadu. Trabalho apresentado na conferência sobre
Urban
Ambiente térmico, especial em Tohwa.
Sarvanabhavan,
V.

Saitoh, T. e 1992 Aspectos recentes do aquecimento urbano no metro de Tóquio
HosOi, H. Area, comunicação apresentada, Conferência sobre
Térmica Urbana
Ambiente, Especial em Tohwa.

Soundara Rajan, K.V. Op. Cit. ref. No. 28 p-129,131,136

Singh, R.L. 1955 " Gorakpur: A Study in Urban Morphology". O Jornal Geográfico Nacional da Índia, Vol. I, Parte 1.

Singh, R.L. 1957National Geographical of India Vol. 3,1957

Singh, U.1958Demographic Structure of Allahabad (Estrutura demográfica de Allahabad). O Programa Nacional
Jornal Geográfico da Índia, Vol. V, Parte 3.

Singh, U. 1959National Geographical of India, Vol. 5

Singh, R.L, 1966Meaning , Objectives and Scope of Settlement, Geografia, NGJI, Vol.8,No. 1pp 12-20.

Singh, R.L, 1966 Urban Geography in Developing Countries (Geografia Urbana nos Países em Desenvolvimento),
Actas do Simpósio IGU n.º 15, Sociedade Geográfica Nacional da Índia.

Singh, U. 1966 Análise geográfica de bairros de lata em cidades indianas com
Referência especial de Kanpur. The National Geographical Journal of India, Vol. XII, part-3.

Singh, S.N. 1970 Estrutura demográfica na área circundante de Cidade de Varanasi. Uttara Bharata Bhoogol Patrika, Vol. VI.

Singh, R.B. 1972 " Urban Planning Process - A Theoretical frame Trabalho". Uttara Bharata Bhoogol Patrika, Vol. VIII.

Singh, D.N. 1973 " Metropolitan Planning in India. A Review of Approach". Indian Geography, Vol. I.

Singh, V.R. 1959 Mudança do padrão de uso da terra em torno da cidade de Mirzapur. O
National Geographical Publication Ltd., Londres.

Stamp, L.D. 1962 The Land of Britain - Its Use and Misuse, Longman's Green and Co, Ltd e Geographical Publication Ltd, Londres.

Stewart, G.A., Calwson e 1968 Land Evaluation, Camberra

Surendra Reddy, 1988 Levels of Environmental Pollution in Secendrabad (Níveis de

poluição ambiental em Secendrabad).
K. Comunicação apresentada no Seminário Nacional sobre Urbanismo
Kamalakar Reddy Desenvolvimento na Índia: Perspectivas ambientais.
& K. Vaital Reddy

Suresh, E.S.M. 2000 Siting Sanitation Landfills using G.I.S - A Case Study andof Chennai Metropolitan development area. O estudo indiano
Revista Geográfica, Vol. 75, No.2.

Swaminathan, E. 1988 Madhurai City- A Case study of Noise Pollution. Documento apresentado no Seminário Nacional sobre Desenvolvimento Urbano na Índia: Perspetiva Ambiental.

Upten, J. 2006 Urbanization in Coastal Karnataka. Um estudo geográfico Análise de uma tese de doutoramento publicada, apresentada à Universidade de Karnataka, Dharwad.

Tiwari, R.C. 1982 Evolução dos aglomerados rurais no Baixo Ganga-Yamuna Doab, National Geographer Vol. 17, No. 1, pp. 34-47.

Vijay Bhole1988 Human Response to Urban Environmental Hazards (Resposta Humana aos Riscos Ambientais Urbanos): A
Estudo de caso de Hyderabad. Comunicação apresentada no Seminário Nacional sobre Desenvolvimento Urbano na Índia: Perspectivas Ambientais.

Vink, A.P.A, 1975Land use in advancing, Springer- verlag, Berlin Hidelberg, Nova Iorque.

Zelinsky, W. 1966A Prologue to population Geography, Prentice Hall, pp.127

FSC
www.fsc.org

MIX
Papier aus verantwortungsvollen Quellen
Paper from responsible sources
FSC® C105338

Printed by Books on Demand GmbH, Norderstedt / Germany